GBSAR
监测技术及其应用

主编　岳建平　邱志伟　徐佳

WUHAN UNIVERSITY PRESS

武汉大学出版社

图书在版编目(CIP)数据

GBSAR 监测技术及其应用/岳建平,邱志伟,徐佳主编.—武汉:武汉大学出版社,2021.3
ISBN 978-7-307-21760-7

Ⅰ.G…　Ⅱ.①岳…　②邱…　③徐…　Ⅲ.工程测量—高等学校—教材　Ⅳ.TB22

中国版本图书馆 CIP 数据核字(2020)第 165352 号

责任编辑:杨晓露　　　责任校对:汪欣怡　　　版式设计:韩闻锦

出版发行:**武汉大学出版社**　　(430072　武昌　珞珈山)
　　　　　(电子邮箱:cbs22@whu.edu.cn　网址:www.wdp.com.cn)
印刷:武汉图物印刷有限公司
开本:787×1092　1/16　印张:11.75　字数:276 千字　插页:1
版次:2021 年 3 月第 1 版　　2021 年 3 月第 1 次印刷
ISBN 978-7-307-21760-7　　定价:30.00 元

前　　言

21世纪初，自地基合成孔径雷达（GBSAR）监测系统被用于结构体的变形监测以来，该技术已经在许多领域得到了成功的应用。目前，较为成熟的地基雷达监测系统主要有：欧盟综合研究中心研制的LISA系统、意大利IDS公司研发的IBIS系统、澳大利亚大地勘测公司生产的SSR系统等。GBSAR监测系统在许多方面存在优点，如：测量范围广、精度高、连续观测、受观测条件影响小等，成为变形监测领域的一项很有发展前景的新技术。

中国在该领域的研究虽起步较晚，但也取得了较丰富的成果，如在监测系统研制方面成功研制了边坡合成孔径雷达监测预警系统（简称"边坡雷达"，S-SAR），该系统能对露天矿边坡、水电库岸和坝体边坡、山体滑坡、大型建构筑物的变形、沉降等实施大范围连续监测，对各种塌陷灾害进行预警预报。另外，在数据处理、分析等方面也取得了大量的成果。

为进一步完善该研究领域的相关理论，拓展该技术的应用空间，本书对该领域的研究成果进行了系统的整理和总结。本书系统介绍了GBSAR系统的构成、原理和特点，阐述了影像配准、干涉图生成与相干性估计、相位解缠、形变信息提取等技术流程，分析了形变监测中的误差来源，研究了基于像素偏移量、点目标偏移量、永久散射体以及平均子影像集等时序分析方法，详细介绍了该技术在大坝、滑坡、桥梁和矿山监测中的应用实例。

本书整体理论先进，反映了当前该领域的最新研究成果；紧密结合工程实际，以典型的工程领域作为应用实例。本书可作为测绘工程、土木工程等相关专业教学用书，也可作为科研人员、工程技术人员的参考用书。

本书的编写分工如下：岳建平（河海大学）负责全书的内容组织和统稿；邱志伟（江苏海洋大学）负责各章节内容的整理与翻译；徐佳（河海大学）负责全书的整理与校对等工作。

本书在编写过程中查阅了大量参考文献，在此对这些资料的作者表示衷心的感谢！

由于编者水平有限，书中难免存在错误，敬请读者批评指正。

编者

2020年1月

目　　录

第1章 绪 论

1.1 研究目的与意义

变形监测是指采用一定的测量手段对被监测对象（简称变形体）进行测量，以确定其空间位置及内部形态随时间变化的测量工作。变形监测又称变形测量或变形观测。变形体一般包括工程建筑物、技术设备以及其他自然或人工对象，如：大坝、桥梁、电视塔、大型天线、油罐、滑坡体等。

由于大型建筑物在国民经济中的重要性，其安全问题受到普遍的关注，政府和地方部门对安全监测工作都十分重视，因此，绝大部分的大型建筑物实施了监测工作。对建筑物进行安全监测的主要目的有以下几个方面。

1. 分析和评价建筑物的安全状态

工程建筑物的安全监测是随着工程建设的发展而兴起的一门年轻学科。改革开放以后，我国兴建了大量的水工建筑物、大型工业厂房和高层建筑物。由于工程地质、外界条件等因素的影响，建筑物及其设备在施工和运营过程中都会产生一定的变形。这种变形常常表现为建筑物整体或局部发生沉陷、倾斜、扭曲、裂缝等。如果这种变形在允许的范围之内，则认为是正常现象。如果超过了一定的限度，就会影响建筑物的正常使用，严重的还可能危及建筑物的安全。因此，在工程建筑物的施工和运营期间，都必须对它们进行安全监测，以监视其安全状态。

2. 验证设计参数

安全监测的结果也是对设计数据的验证，并可为改进设计和科学研究提供资料。由于人们对自然的认识不够全面，不可能对影响建筑物的各种因素都进行精确计算，设计中往往采用一些经验公式、实验系数或近似公式进行简化，在理论上不够严密，有一定的近似性。对正在兴建或已建工程的安全监测，可以验证设计的正确性，修正不合理的部分。另外，对于一些新型的大型建筑物（如特大型桥梁等），由于其结构特殊，可参考经验少，需要通过监测对设计的理论和参数等进行验证，以积累经验，完善设计理论。

3. 反馈设计施工质量

安全监测不仅能监视建筑物的安全状态，而且对反馈设计施工质量等起到重要作用。例如，葛洲坝大坝是建在产状平缓、多软弱夹层的地基上，岩性的特点是砂岩、砾岩、粉砂岩、黏土质粉砂岩互层状，因此，担心开挖后会破坏基岩的稳定，通过安装大量的基岩变形计，在施工期间及1981年大江截流和百年一遇洪水期间的观测结果表明，基岩处理后，变形量在允许范围内，验证了大坝是安全稳定的。

4. 研究正常的变形规律

由于人们认识水平的限制，对许多问题的认识有一个由浅入深的过程，而大型建筑物由于结构类型、建筑材料、施工模式、地质条件的不同，其变形特征和规律存在一定的差异，因此，对现有建筑物实施安全监测，从中获取大量的监测信息，并对这些信息进行系统的分析研究，可寻找出建筑物变形的基本规律和特征，从而为监控建筑物的安全、预报建筑物的变形趋势等提供依据。

1.2　变形监测新技术

变形监测方法主要有大地测量、GNSS 测量、摄影测量、三维激光扫描、专门测量等。大地测量的方法精度高、应用灵活、适用范围广，但野外工作量大；GNSS 测量技术可提供大范围的变形信息，但受观测环境影响大，如在山区峡谷，GNSS 卫星可见数少，几何强度差，多路径效应明显，定位结果可靠性低；摄影测量外业工作量少，可以提供变形体表面上任意点的变形，但精度较低；地面三维激光扫描技术遥测的距离有限，变形监测固有误差达数毫米，且随着遥测距离的增大精度降低快；专门测量手段相对精度较高，但仅能提供局部的变形信息。近年来，合成孔径雷达技术为变形监测开辟了一条新的道路，有广阔的应用前景。

随着电子技术、计算机技术、通信技术等的发展，变形监测技术有了显著的提高，从传统的光学经纬仪、光学水准仪测量，发展到 GNSS、三维激光扫描、InSAR 等新的监测技术，测量的速度、精度、覆盖度、自动化程度等多方面都有了显著的进步，下面介绍几种典型的监测技术。

1.2.1　测量机器人监测技术

测量机器人由带电动马达驱动和程序控制的 TPS 系统结合激光、通信及 CCD 技术组合而成，它集目标识别、自动照准、自动测角测距、自动跟踪、自动记录于一体，可以实现测量的全自动化。测量机器人能够自动寻找并精确照准目标，在 1s 内完成对单点的观测，并可以对成百上千个目标作持续的重复观测。

测量机器人可自带测量控制软件，也可通过电缆实现计算机远程控制，实现数据采集、储存和处理的一体化。采用多台测量机器人，可实现整个工程的自动化变形监测。目前，该项技术在城市地铁结构监测、大坝外部变形监测等工作中有着广泛的应用。

1.2.2　GNSS 形变监测技术

全球导航卫星系统（Global Navigation Satellite System，GNSS）是指利用卫星对地面上的用户进行定位、导航及授时等的所有导航卫星系统总称。目前，世界上主要的全球性、区域性及相关增强系统有：美国的 GPS（Global Positioning System）、俄罗斯的 GLONASS（俄文"Globalnaya Navigatsionnaya Sputnikovaya Sistema"）、中国北斗卫星导航系统（Beidou Navigation Satellite System，BDS）、欧洲的 Galileo 系统、日本的准天顶卫星导航系统（Quasi-Zenith Satellite System，QZSS）及印度的 NAVIC 系统（Navigation with Indian

Constellation）。GNSS 技术具有高精度、全天候、自动化、实时、连续、无需通视条件等优点，在大地测量学及其相关学科领域，如地球动力学、海洋大地测量、资源勘探、航空与卫星遥感、工程变形监测及精密时间传递等方面得到了广泛应用。

随着 GNSS 接收机的小型化以及价格的大幅降低，该技术在测绘工程领域得到普遍应用，特别是 20 世纪 90 年代，由于数据处理技术的日臻完善，使测量的速度和精度不断提高，GNSS 在我国的变形监测领域中得到应用。1998 年，我国的隔河岩大坝外部变形首次采用 GPS 自动化监测系统，对坝体表面的各监测点进行同步变形监测，并实现了数据采集、传输、处理、分析、显示、存储等的自动化，测量精度可达到亚毫米级。

目前，GNSS 在土木工程变形监测中得到广泛应用，如水利工程、桥梁工程、边坡、滑坡等，除了可监测静态的位移，还可进行动态实时位移、振幅、振动频率的测试等，具有十分广泛的应用前景。

1.2.3 激光技术

激光是 20 世纪以来，继原子能、计算机、半导体之后，人类的又一重大发明，被称为"最准的尺"和"最亮的光"。激光的发展不仅使古老的光学科学和光学技术获得了新生，而且促进了新兴产业的出现。激光可使人们有效地利用前所未有的先进方法和手段，去获得空前的效益和成果，从而促进生产力的发展。

激光技术在变形监测中的应用主要体现在激光准直系统上。激光准直系统是用激光束作为测量的基准线。激光具有良好的方向性、单色性和较长的相干距离，采用经准直的激光束作为测量的基准线，可以实现较长距离的工作。但激光束在大气中传输时会发生漂移、抖动和偏折，影响大气激光准直观测的精度。真空激光准直系统是在基于人为创造的真空环境中自动完成测量任务，大大减小了长距离监测过程中由于温度梯度、气压梯度、大气折光等因素对监测造成的漂移、抖动和偏折等影响。随着 CCD 技术的发展，激光监测的精度和速度大幅度提高。由于真空激光准直系统能够实现水平和垂直位移同步自动监测，具有测量精度高、长期可靠性好、易于维护等特点，是目前较为理想的大坝变形监测的一种方法。

我国从 20 世纪 70 年代初开始研究激光准直系统，70 年代后期开始研究真空激光准直系统，1981 年在太平哨坝顶建成运行。20 世纪 90 年代后期真空激光准直系统有了新的发展，采用密封式激光点光源、聚用光电耦合器件 CCD（面阵）作传感器，采用新型的波带板和真空泵自动循环冷却水装置等新措施和新技术，进一步提高了该系统的可靠性。激光技术的应用，提高了探测的灵敏度，减少了作业的条件限制，克服了一定的外界干扰。

1.2.4 自动化监测技术

随着我国大型土木工程的增多，对工程的安全监测工作提出了新的要求，其最突出的表现是要求测量工作的自动化，这就要求测量工作能够快速、自动完成，为数据的实时分析提供基础。

传感器是自动化观测必不可缺的重要部件，它是根据自动控制原理，把被观测的几何量（长度、角度）转换成电量，再与一些必要的测量电路、附件装置相配合，组成自动测量装置。目前，直接测量的电量有电容、电压、电感、频率、电阻等，通过一定的计算，可将这些电量转换成位移、温度等。在土木工程中常用的传感器有渗压计、应力计、土压力计、裂缝计等，集成式的自动化监测仪器有液体静力水准仪、引张线观测仪、垂线观测仪等，这些仪器为自动化监测系统提供了基本的技术保障。

对于一个自动化监测系统，除了要有各种类型的传感器外，还需要测量控制单元、数据通信设备、电脑、测量控制软件等设备，以保证监测工作能顺利进行。

我国在 20 世纪 70 年代开始自动化监测系统的研究，并率先在水利工程中得到应用，目前我国的自动化监测水平已经达到国际先进水平。

1.2.5　光纤传感监测技术

常规传感器易受电磁干扰，在强电磁干扰的恶劣环境中，难以正常工作。为解决此问题，人们开始探索采用光学敏感测量来取代机-电敏感测量。光纤和光通信技术的迅速发展，加速了这一进程，在 20 世纪 70 年代中期出现了一种新型的传感器——光纤传感器。它是光纤与光学测量相结合的产物，采用光作为敏感信息的载体，具有光学测量和光纤传输的优点，响应速度快、测量灵敏度高、精度高、电绝缘、安全防爆、抗电磁干扰等，特别适用于高压大电流、强电磁干扰、易燃易爆等恶劣环境。

光纤是以不同折射率的石英玻璃包层及石英玻璃细芯组合而成的一种新型纤维，它使光线的传播以全反射的形式进行，能将光和图像曲折传递到所需要的任意空间。具有通信容量大、速度快、抗电磁干扰等优点。以激光作载波，光导纤维作传输路径来感应、传输各种信息。凡是电子仪器能测量的物理量(如位移、压力、流量、液面、温度等)它几乎都能测量。光纤灵敏度相当高，其位移传感器能测出 0.01mm 的位移量，温度传感器能测出 0.01℃ 的温度变化。在土木工程监测中已应用于裂缝、应力、应变、振动等观测。

光纤传感技术是衡量一个国家信息化程度的重要标志，该技术已广泛用于军事、国防、航天航空、工矿企业、能源环保、工业控制、医药卫生、计量测试、建筑、家用电器等领域，已有的光纤传感技术有上百种，诸如温度、压力、流量、位移、振动、转动、弯曲、液位、速度、加速度、声场、电流、电压、磁场及辐射等物理量，都实现了不同性能的传感，并有着广阔的应用前景。

1.2.6　三维激光扫描技术

三维激光扫描技术出现在 20 世纪 90 年代中期，是继 GNSS 测量技术之后出现的测量新技术，它是通过直接测量仪器中心到测量目标的距离和角度信息，计算出测量目标的三维坐标数据，从而建立被测对象的三维形体。该技术在扫描测量时，不需要在测量物体上设置任何专用测量标志，可以直接对其进行快速测量，并获取高密度的坐标数据，得到一个表示测量物体的点集，称之为"点云数据"。该技术已经在数字城市、工程测量、变形监测等领域得到成功应用。

三维激光扫描技术在变形监测中的应用主要是基于两种变形监测方案：一是在变形体表面放置球形标志，通过比较各时段扫描数据中相同球心的坐标变化来提取变形信息；二是根据点云数据建立变形体的数字高程模型，统一坐标系统后用基于模型求差的方法分析变形。

利用该技术进行测量和变形分析具有如下优点：扫描测量的速度快；扫描点云高密度、高精度；测量过程数字化、自动化；实时、动态、主动性的扫描方式；扫描的非接触性；数据信息的丰富性；监测信息的可融合性；对外界环境要求低；使用方便。

1.2.7 InSAR 监测技术

合成孔径雷达干涉(Interferometric Synthetic Aperture Radar, InSAR)技术是通过雷达采集得到的复数相位值以提取地表的三维信息，可全天时、全天候、高精度地进行大面积地表变形监测，是近些年来迅速发展起来的微波遥感新技术。InSAR 技术通过相距很近的两个天线得出的两幅 SAR 的复图像，由地面各点分别在两个复数图中的相位差，得到两复数图的干涉图，进而计算出地面各点在成像中电磁波所经过的路程差，最后得出地面各点地表的高度信息，形成三维地貌，生成数字高程模型(DEM)。该技术尤其适用于传统光学传感器成像困难的地区，现已成为地形测绘、灾害监测、资源普查、变化检测等很多微波遥感应用领域的重要信息获取手段。

传统 PS 技术是通过对长时间 SAR 影像序列的分析来识别稳定反射点(即 PS 点)，利用其差分干涉相位和组成分量的统计特点估计并消除大气及地形的误差，进而得到高精度的地表形变信息。但由于该技术受 PS 点提取以及大量的 SAR 影像条件限制，其更适用于人工建筑较多的城区。SBAS 技术是利用具有较短时空基线的影像序列进行干涉处理的方法。通过将所有 SAR 影像依据不同的时空基线分成若干个短基线子集，各子集内的影像进行差分干涉处理，以提高相干性和提高单一主影像条件下差分干涉图的数量，短基线集技术较适用于 SAR 影像数量较少城区的地表沉降分析。星载或机载 InSAR 技术虽然能够对地表变形进行大面积高精度的监测，但是该技术在工程化应用中仍存在以下问题：时空失相干影响监测结果的可靠性和可行性；受限于影像数量和空间分辨率，其监测结果的时空分辨率难以满足实际工程需要，特别是难以实现对单个建(构)筑物的精密监测。

1.2.8 GBSAR 监测技术

自 1999 年由 Tarchi 等首次利用地基雷达进行坝体结构监测以来，GBSAR (Ground-based SAR)干涉测量技术已经在许多领域得到了发展及应用。目前技术较为成熟的地基雷达监测系统主要有：欧盟综合研究中心(Joint Research Centre (JRC) of the European Commission)研制的 LISA 系统，该系统可在 C 到 Ku 波段工作，采用步进频率连续波信号体制(Step Frequency Continuous Wave, SF-CW)，测程由几米到数千米，监测精度达到亚毫米级；意大利 IDS 公司和佛罗伦萨大学经过 6 年技术合作研发而成的 IBIS 系统，该系统是一个集步进频率连续波技术(SF-CW)、合成孔径雷达技术(SAR)和干涉测量技术为一体的高新技术产品，主要应用于地表变形监测和建筑物变形监测。IBIS 系统主要分为 IBIS-S 和 IBIS-L 两种型号。S 型主要用于对桥梁或高层建筑物的实时监测，能够对建筑主体表面某些形变点目标进行长周期连续观测；L 型主要是对大坝、边坡、矿区及冰川等面状形变进行监测分析及预警。澳大利亚大地勘测公司生产的 SSR 系统，主要工作于 X 波段，带宽为 100MHz，系统采用实孔径天线扫描，最大发射功率为 30MW，测程约为

850m，系统安装于专用的拖车上，便于在监测区域灵活移动，监测精度可达到 0.2mm，且不受环境气候条件的影响。

目前国外许多科研机构及高校已在多个领域开展地基 InSAR 技术的相关研究，包括欧盟综合研究中心，意大利的佛罗伦萨大学（Florence University），西班牙的加泰罗尼亚理工大学（Universitat Politecnica de Catalunya, UPC），英国的谢菲尔德大学（Sheffield University），澳大利亚的昆士兰大学（Queensland University），韩国的国立江原大学（Kangwon National University），日本的东北大学（Tohoku University）等。国内地基雷达主要在地基雷达系统设计、信号处理以及形变探测等方面做了大量研究。

1.3 国内外研究现状

1.3.1 InSAR 技术研究进展

雷达刚开始是服务于军事的，它是以极坐标形式来表示斜距和方位平面的显示器，通过固定天线来探测飞机和船只等目标。侧视雷达（Side Looking Radar, SLR）是将传感器装载到移动平台上，实现对地目标观测成像，分辨率达到数十米级，但其主要服务于军事，限制了其发展。雷达的空间分辨率与雷达的天线成正相关，而真实孔径雷达受到天线尺寸的限制，因此之前雷达的空间分辨率比较低。随着预告科学技术的发展，美国国防部下属的研究机构融合合成孔径和脉冲压缩技术研制出合成孔径雷达，同时也让雷达遥感成为对地观测领域的热点之一。在 20 世纪 80 年代中后期，随着东西方冷战的结束，主要服务于军事的 SAR 技术开始渐渐转入民用领域，加速了学者们对其的研究。Cauley 等（2014）学者利用 SIR-A 对埃及和苏丹交界处沙漠的穿透能力进行试验，确定了沙漠覆盖下的古河道，开创了雷达在地质应用的新领域，引起了其他学者对雷达遥感的兴趣。随着 SIR-B，SIR-C/X-SAR，Radarsat 计划的成功执行，雷达遥感在测绘、农业、林业、地质等许多领域充分展示了其应用潜力。

雷达干涉测量最初是对行星和月球表面进行测绘，1965 年美国喷气推进实验室（JPL）的 Goldstein 开始对雷达干涉测量进行研究。1969 年雷达干涉测量用于对金星的测图计划，1972 年成功提取了月球表面的高程面，随着该技术的迅速发展，学者们将其延伸应用于对地观测领域。1974 年 Graham 第一个完成了机载干涉雷达用于地形测绘的实验。1986 年 Zebker 和 Goldstein 第一次完成了 JPL 的机载系统实验。一个个实验的成功掀起了学者们对雷达干涉测量的研究热潮。1987 年 Goldstein 提出单轨纵向干涉方案以及对其的实验论证，该技术的天线之间的基线很小，导致获取的两幅影像差别不大，仅有微小的相位差别。然而正是这微小的相位差别引起了广大学者的注意，学者们根据相位在微妙的时间内微小的变化，反演了雷达影像中像素的微小波动，这同时透露了 InSAR 在目标运动速度中的敏感性。该技术可以被应用于提取海洋洋流的重要信息。传统的雷达干涉影像因其极化方式、波段较少等原因，研究学者们不能通过影像的反射特性探测地表地物的特性，因此发展多波段、多极化的干涉能力是当前雷达干涉测量的发展趋势。1997 年 Forster 利用极化数据推导出地形坡度和高程，1998 年 Cloud 提出极化雷达干涉测量，用于提高雷达干涉测量的性能。2011 年 Martinerie 和 Prescott 推出了轮状 InSAR 计划和星座计划，2001 年 Ferretti 提出了地球同步轨道 SAR 概念模型。

20 世纪中期，USA 成功研制出星载 SAR 技术，该技术开始服务于军方，后面慢慢转为民用，例如：导航定位、空中交通、天气预报、地球观测等，拉开了全球学者们研究 SAR 技术的帷幕。20 世纪后期，InSAR 在变形监测应用方面表现出其独有的优势，推动了该技术不同搭载装置的成功研制，包括：星载、机载、地面移动平台等。世界各地研发工作站人员分别成立 SAR 研究小组，大大提高了 SAR 技术的发展速度。1999 年 Rudolf，Tarchi 研制出地基遥感成像系统，20 世纪后期，基于地面移动平台的 SAR 装置被研制出来，人们开始将其应用到大坝、桥梁、高层建筑物等变形体中来验证该装置的有效性和可靠性。Italy 雷达系统研究团队和 IDS 研发中心共同研发了图像干涉系统（Image by Interferometric System，IBIS），该系统采用高频线性测量，主要适用于建筑物、滑坡、桥梁等变形监测，该系统为 GBSAR 技术装置的控制中心，可以实时控制监测平台和后续雷达影像数据处理。接着 Farrar(2010) 利用 GBSAR 技术中的高采样率、高精度的 IBIS-S 装置完成对变形体模拟振动试验，同年，该学者将其应用到桥梁的变形监测中，在监测的同时，利用桥梁已有的振动传感器得到振动信息，与其对比结果表明，GBSAR 技术在桥梁监测中具有较大的潜力。Tarchi(2000) 首次将基于带有轨道的 IBIS-L 装置用于大片区域滑坡变形监测中，提取了监测区域内的二维位移场。2007 年 Bernardini 通过一个带有主动角反射器的弹簧振动试验验证了 IBIS-S 的监测精度可达到 0.02mm。2008 年 Carmelo Gentile 与 Giulia Bernardini 在 Capriaet 大桥安装可以记录速度的传感器，利用 IBIS-S 系统测量桥梁的振动速度，结果表明两者的速度一致性较高，从而验证了 IBIS-S 的可靠性。欧洲联合研究中心最早开始研究 GBSAR 系统的理论、系统设计、系统研发，首次将该技术应用到大坝的变形监测中，将其监测变形值与大坝内部的技术监测成果对比分析，结果表明，GBSAR 的监测结果同日常的技术监测结果比较吻合，敏感性更加强烈，是传统测量技术手段的一种有效的补充。2000 年 Wimmer 和 Rosen 利用星载 InSAR 数据得到了扫描区域的 DEM 和变形量。2002 年 Pieraccini 和 Tarchi 将地基雷达传感器安置在同一位置，以连续模式进行斜率监测，紧接着，学者们开始利用 GBSAR 来提高其他测量技术（例如，全站仪、三维激光扫描仪）的监测精度。2008 年 Perna 使用机载 InSAR 实现变形监测。GBSAR 监测技术相对较新，主要用于变形监测，用于提取 DEM 的实验较少。Antonello(2004)、Nico (2005) 分别利用 GBSAR 提取了探测目标的 DEM。2008 年 Lingua 第一次提出将三维激光扫描仪和地基雷达数据集成到滑坡监测中。

20 世纪 70 年代，我国开始慢慢重视雷达技术的研究，投入了大量的物力、财力、人力，成立了很多重大的科研院所和研究机构，鼓励国内学者们投入其中，开启了我国雷达事业的大门。经过 20 多年的努力，我国的雷达遥感研究紧跟世界科技发展的前沿并取得了丰硕的成果，在雷达的穿透性研究、洪水遥感监测和雷达图像纹理信息提取等方面均有较大突破。GBSAR 的研究近几年在国内才开始发展，GBSAR 研究理论、应用实施等方面尚有欠缺，无法达到国外的研究水平。国内的研究机构和研究团队在做相关实验时常用的是国外的产品，如意大利的 IBIS-L，IBIS-S 等。通过不懈的努力，国内学者成功开发了移动平台下的 SAR 装置，并结合干涉测量成像系统（IBIS）说明微变形远程监测技术的应用领域和特点。2010 年刁建鹏第一次将 IBIS-S 架在 CCTV 新台地，进行了长达 1 小时的动态监测，实验结果和理论值十分吻合，从而验证了 IBIS-S 在高层建筑物上的动态监测是可行的。刘德煜(2009)分别将 IBIS-S 系统和 GPS 监测技术应用于武汉阳逻长江大桥的监测系统中，结果表明，GPS 适用于超大跨度桥梁的监测，而 IBIS-S 更适用于平面位移较小的桥梁。2011 年，河海大学黄其欢利用 IBIS-L 监测装置对湖北省隔河岩大坝进行了监测分析，结果验证了该系统能够满足大坝监测精度要求，与传统的监测技术实现互补分析，最终实现了大坝的高空间分辨率以及连续的变形监测。2013 年，武汉大学的邢诚等人研究了基于地基合成孔径雷达干涉技术的微变形监测系统(IBIS-S)的工作原理及关键技术，通过实验验证了该系统对目标物变形量监测能达到较高的监测精度(0.05mm 以下)。2014 年，韩贤权等将 GBSAR 技术应用于大坝监测实验，分析了该技术在大坝安全状态评估中的实际意义。

1.3.2　GBSAR 技术研究进展

1. 影像配准

影像配准是 GBSAR 数据处理的第一步。虽然 GBSAR 的轨道是固定的直线，但在实际的测量过程中，由于轨道、时间或视角上的细微偏差，所获得的 InSAR 影像在距离向和方位向都会出现一定程度的扭曲和错位，从而降低观测数据对的相干性，使得 GBSAR 的测量精度下降。由于 GBSAR 测量变形时对精度要求较高，要达到毫米或亚毫米级，所以要对两幅 SAR 影像进行高精度配准。影像配准有很多算法，常用的有基于干涉条纹(相位)的配准、基于灰度(信号幅度)的配准和基于干涉图频谱(频域 SNR)的配准，这些算法虽然计算量较大，但精度都比较高，可达到 0.1 个像素，满足图像配准的精度要求(亚像素级)。程海琴(2012)提出基于相干曲面移动拟合的 InSAR 影像高精度配准方法，颜林(2010)提出利用约束 Delaunay 三角网生成算法对影像进行配准，得到了较好的配准结果。

2. 干涉图生成与相位噪声滤波

将高精度配准后的两幅 InSAR 影像进行共轭相乘并取相角，即可生成干涉条纹图。由于干涉图中包含系统噪声和数据处理引入的噪声，这些噪声的存在会影响干涉图的信噪比，降低相干性，最终影响变形监测的精度，所以要对干涉图进行滤波。噪声滤波有前置滤波和后置滤波。前置滤波是指在生成干涉图之前对原始复影像进行滤波，后置滤波是指在形成干涉图后对其进行滤波。虽然在生成干涉图之前进行了前置滤波，但仍然有一些噪声存在，所以生成干涉图后要再次进行滤波。常用的干涉条纹图滤波方法为周期均值滤波。张俊(1998)提出小波软阈值滤波算法对雷达影像上的斑点噪声进行滤除，廖明生(2003)提出基于雷达影像干涉条纹图的复数空间自适应滤波算法，达到了较好的滤波效果。

3. 相位解缠

干涉图在完成滤波后，只剩下了包含形变信息的相位，但这个相位只是$[-\pi, \pi]$区间的主值，需要加上 2π 的整数倍才能得到反映真实形变量的相位值。由相位主值得到真实相位值的过程称为相位解缠。干涉图的相位解缠在 GBSAR 数据处理中是非常关键的环节，解缠的结果直接影响形变测量的精度。常用的相位解缠方法有最优估计法、路径跟踪法、边缘分析或区域分割法、基于最小二乘原理方法等。由于 GBSAR 系统的空间基线为零，且时间基线较短，又无须考虑地形的影响，所以相位解缠的难度较之星载 InSAR 来说要低。采用"累积干涉图像测量法"可以很好地消除相位缠绕的影响。Ghiglia 和 Romero（1996）提出最小范数相位解缠方法，通过迭代运算求出最优解，Costantini（1998）提出最小费用流算法，将相位解缠转化为线性的最优化问题，通过图论和网络规划解决相位缠绕问题。

4. 大气扰动校正

在 GBSAR 接收信号的初始干涉相位里，除了形变相位和噪声相位，还有大气扰动引起的相位。大气效应的影响是 GBSAR 干涉相位误差的主要来源之一，它可以使传播路径弯曲和延迟雷达信号。GBSAR 采用的高频信号在观测过程中容易受到周边环境的大气变化影响，严重时可达到几十毫米级，完全掩盖了变形体的形变信息，影响了该技术的监测精度。环境的大气扰动随着时间、空间变幻莫测，很难精准地反演出监测环境内大气扰动的精确值，常用的大气扰动改正的算法有三种：基于雷达影像成像特性的统计分析法、基于外界环境监测的改正法、综合模型法，这三种方法大多适用于星载雷达干涉测量技术。由于地基雷达数据采集原理和处理模式大有不同，因此星载雷达干涉测量技术中的大气扰动改正的方法很难直接应用于地基雷达。

陈强、丁晓利、刘国祥等（2006）基于 GBSAR 的成像特点，在假设观测区域内大气变化一致的前提下，提取观测区域内较稳定点的相位值作为该区域内的大气扰动值，然后利用环境变化值与被测物到雷达间的距离成线性变化关系，该方法可以将大气扰动削弱到亚厘米级，但该方法仅能改正基于距离向的大气扰动，无法改正方位向的大气扰动。祝传广、范洪冬、邓喀中（2014）在 GBSAR 监测的过程中，同时高效地记录监测环境内大气水分、湿度、温度、气压等参数，建立气象改正模型，该模型能够较好地去除大气扰动，但模型的重建参数较为复杂，且变化性较强，限制了其应用范围。国内学者在对 GBSAR 进行环境改正时多是参考国外的改正方法。基于永久散射体干涉测量技术（Permanent Scatterer，PS）的大气改正方法可以较好地解决星载 InSAR 中的时间去相干和大气去相干问题。Noferini（2005）第一次将 PS 技术引用于 GBSAR 数据处理中。PS 点的选取大多是基于雷达影像中 PS 的特征，主要有基于幅度强度信息、基于相位稳定性信息、基于幅值离散指数的信息等。大气扰动主要是影响雷达距离向的变动，大气扰动在空间分布上存在较强的相关性，2004 年 Luzi 分析了大气扰动和仪器噪声相位的去相关性，2005 年 Noferini 将 GBSAR 监测技术用于坡度不稳定监测，通过地面上控制点建立函数模型对大气扰动进行改正，取得了较好的结果。Dei 等（2009）对 GBSAR 测量系统 IBIS-L 的原理和性能进行了深入分析并分别完成了某滑坡体和大坝的监测，结果表明气温和湿度的变化将影响 IBIS-L 系统的性能，可在监测区域设置校准点减弱气象因素的影响，Mario 等（2008）利用 GBSAR 技术研究水位和气温对大坝的影响，形变值与坐标测量仪的结果相一致，精度达到±1mm。2009 年 Herrera 使用连续的地基雷达数据改进了 Pyrenees 中部滑坡的预测模型。2010 年 Luzi 完成了基于人工角反射器的不连续滑坡监测实验。2011 年 Del Ventisette 将 GBSAR 技术应用到意大利卡拉布里亚地区的滑坡监测中。Luzi（2004）分析了 GBSAR 的大气干扰效应，然后在真实的滑坡监测活动中通过 PS 技术校正了大气扰动的影响。Iannini（2011）研究了基于对现有大气参数（压力、温度和湿度）的延迟建模的补偿方法的能力和缺陷。

5. 形变真值解算

干涉条纹图在经过相位解缠和大气效应的校正后，得到了目标形变量的真实相位，通过相位转换便可以计算得到雷达视线向形变值。由于 GBSAR 系统要获得高精度的测量结果，不能直接将视线向形变值当作形变真值来处理，需要根据系统几何关系将视线向形变值转化为形变真值。

1.4　目前存在的主要问题

尽管变形监测已经过多年的发展，但由于工程的特点及观测条件的复杂性，现有的变形监测手段主要存在以下不足：

（1）传统变形监测方法绝对精度高，适用于多种变形体和监测环境，但劳动强度大，安全性差；专门测量手段相对精度较高，但仅能提供局部的变形信息；GNSS 测量技术可提供大范围的变形信息，但受监测环境条件影响大。如在山区峡谷，GPS 卫星的几何强度差，定位精度低，有些地方多路径影响大，定位结果不可靠。

（2）三维激光扫描测量工作强度小，可以提供变形体表面上任意点的变形，但精度较低，地面三维激光扫描技术遥测的距离有限（一般小于 1km），监测结果中固有误差达数毫米，且随着遥测距离的增大精度降低很快，监测结果受植被等影响明显。

（3）星载合成孔径雷达（Spaceborne SAR）具有远距离、高分辨率成像的工作能力，作为雷达成像技术的一个重要分支，该技术利用脉冲压缩技术提高距离向分辨率，采用合成孔径技术提高方位向分辨率，目前已经广泛地应用于地表沉降监测应用中。但该技术受限于采样方式及重访周期等条件，较难应用于小范围区域变形体（如大坝、建筑或滑坡）的变形监测，难以满足小区域长期变形监测对高空间分辨率及高精度的监测要求。

（4）地基合成孔径雷达（GBSAR）是近些年发展起来用于变形监测的新技术。这项技术有许多较为显著的特点：由于地基雷达利用厘米级波长的微波进行干涉测量，因此，该技术对于微小形变十分敏感，监测精度能达到亚毫米级；它能够远距离遥测被测物体及表面，测距最远可达几千米；它能够提供一套自动化大面积形变观测的实施方案；相较于传统单点的变形监测手段，地基雷达能够直接通过采集得到的二维影像进行区域的变形监测；地基合成孔径雷达拥有一套可移动的观测平台，能够灵活安装，便于对某一兴趣区域在特定时间内进行有效的数据采集，从而保证数据的精度以及采样密度。特别是地基雷达干涉技术不仅能够监测到毫米级的日变化率，而且也能够监测到米级的年变化率。总之，相较于星载的监测手段，地基雷达的灵活性及高精度是目前众多变形监测方法中一种有效的技术手段。地基合成孔径雷达技术在大型工程监测、边坡监测、地表沉降等领域得到了长足的发展。因此，研究地基合成孔径雷达技术在变形监测中的应用具有十分重要的科学意义和实用价值。

1.5　本书内容及章节安排

本书重点介绍地基合成孔径雷达的理论、方法及其应用，从地基雷达系统、形变监测原理、测量误差、时序分析及应用实例等方面进行系统介绍。全书共包含 13 章，各章内容如下：

第 1 章　绪论。主要介绍变形监测的目的与意义，InSAR、GBSAR、三维激光扫描、GNSS 等监测技术的研究进展。

第 2 章　地基雷达系统。主要介绍目前常用的雷达系统的构成、原理、特点，以及采用的技术等。

第 3 章　GBSAR 干涉测量管理。主要介绍地基合成孔径雷达干涉测量的基本原理，从雷达干涉测量原理的角度，阐述 GBSAR 变形监测的工作原理，以地基雷达监测系统 IBIS 为例，介绍该系统的两个核心技术。

第 4 章　GBSAR 干涉测量技术流程。系统介绍 GBSAR 监测技术流程，包括影像配准、干涉图生成与相干性估计、相位解缠、形变信息提取等。

第 5 章　GBSAR 误差源分析。对 GBSAR 形变监测的误差源进行详细的分析，并结合实验定量分析变形监测所受误差影响及监测精度。

第 6 章　GBSAR 相位解缠原理。阐述 GBSAR 相位解缠的原理与方法，从一维相位解缠情况开始，详细介绍相位解缠的基本原理，以及 GBSAR 时序相位解缠方法。

第 7 章　大气相位去除方法。重点介绍 GBSAR 形变监测中大气相位去除的各种算法，并进行实例分析。

第 8 章　GBSAR 时序分析方法。系统介绍 GBSAR 时序分析方法与数据处理流程，主要介绍了基于像素偏移量、点目标偏移量、永久散射体以及平均子影像集等 GBSAR 的时序分析方法。

第 9 章　变形监测数据融合方法。主要介绍 GBSAR 与 GNSS、三维激光点云、光学影像等的融合方法，并进行实例分析。

第 10 章　介绍 GBSAR 在大坝变形监测中的应用及实例分析。

第 11 章　介绍 GBSAR 在滑坡监测中的应用及实例分析。

第 12 章　介绍 GBSAR 在桥梁监测中的应用及实例分析。

第 13 章　介绍 GBSAR 在矿山监测中的应用及实例分析。

第 2 章　地基雷达系统简介

2.1　地基雷达系统的分类

2.1.1　合成孔径雷达系统

合成孔径雷达(Synthetic Aperture Radar，SAR)是利用合成孔径原理和脉冲压缩技术对地面目标进行高分辨率成像的高技术雷达，近年来获得了巨大的发展，是变形监测的前沿技术和研究热点。SAR 属于微波遥感的范畴，与传统可见光、红外遥感技术相比，具有诸多的优越性，除了可以全天时、全天候、高精度地进行观测外，还可以穿透云层，在一定程度上穿透植被，且不依赖太阳作为照射源。随着雷达遥感技术的不断发展与完善，SAR 已成功应用于地质、水文、测绘、军事、环境监测等领域。

典型 SAR 系统由天线、发射机、接收机、频率源、信号处理机、惯导、数据记录仪、控制与显示模块等组成。天线发射宽带信号、接收目标回波；发射机完成宽带信号的产生、调制和放大；接收机用于对回波的变频、放大和采集；频率源产生全机所需时钟及本振信号；信号处理机实现全机时序同步、参数控制和雷达信号处理；惯导是 SAR 系统的重要组成部分，实时测量天线姿态并传输给信号处理机，用于运动补偿计算；数据记录仪可记录信号回波和图像数据；控制与显示模块实现全机控制及图像显示。系统构成如图 2-1 所示。

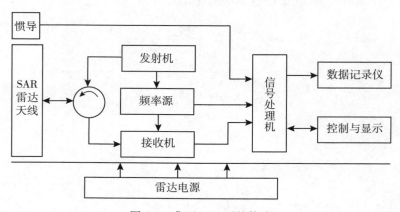

图 2-1　典型 SAR 系统构成

SAR 的主要参数有使用参数、内部参数和图像参数。

使用参数直接面向用户，含分辨率、作用距离、测绘带宽和定位精度等。分辨率有距离分辨率和方位分辨率，距离分辨率与信号带宽成反比，方位分辨率与天线氏度成反比；作用距离是指图像场景中心到平台的斜距；测绘带宽是指 SAR 雷达的成像宽度；定位精度用于描述图像中目标与真实地理坐标之间的相对关系。

内部参数含工作频段、信号带宽、波门起始、采样深度、脉冲宽度和重复频率等，这些内部参数与使用参数有一定的对应关系。如波门起始描述的是图像的起始距离，采样深度则对应图像的测绘宽度。图像参数含信噪比、积分旁瓣比和峰值旁瓣比等，用于表征 SAR 图像的清晰度、对比度和模糊度等。

在雷达沿轨道飞行时，成像的地面目标与雷达间存在相对运动，被地面反射回来的雷达脉冲频率产生漂移，即发生多普勒频移（Doppler Frequency Shift）现象。合成孔径雷达（SAR）正是利用这一物理现象来改善雷达成像的方位向分辨率的。其基本思想是用一个小天线沿一直线方向不断移动，在移动中每个位置上发射一个信号，天线接收相应发射位置的回波信号的振幅和相位，并存储下来。当天线移动一段距离后，存储的信号与长度为该距离的天线阵列诸单元所接收的信号非常相似，对记录的信号进行聚焦处理，得到一个"合成"的更大孔径的图像，从而提高了雷达方位向分辨率。

如图 2-2 所示，假设真实孔径雷达天线的长度为 L，从点 a 移动到点 b 再到点 c，被成像点 O 点的斜距由大变小再变大，于是雷达接收从地面点 O 反射回来的脉冲频率会产生变化，频率漂移由大变小。通过精确测定所接收脉冲的雷达相位延迟并跟踪频率漂移，最后合成一个脉冲，使方位向的目标锐化，从而提高方位向分辨率。

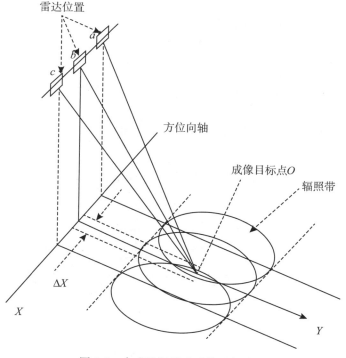

图 2-2 合成孔径雷达成像几何关系

采用合成孔径技术，若合成后的天线孔径为 L_s，其方位向分辨率为：

$$R_s = \frac{\lambda}{L_s} \cdot R \tag{2.1}$$

由于天线最大的合成孔径等于真实孔径雷达的方位向分辨率，R_s 可表示为：

$$R_s = \frac{\lambda}{L_s} \cdot R = \frac{\lambda \cdot R}{\frac{\lambda}{L} \cdot R} = L \tag{2.2}$$

式(2.2)说明，合成孔径雷达的方位向分辨率与距离无关，只与实际使用的天线孔径有关，等于 L。此外由于双程相移，方位向分辨率还可提高一倍，即为真实天线尺寸的 $1/2$，R_s 可表示为下式：

$$R_s = L/2 \tag{2.3}$$

简单地讲，SAR 是利用合成孔径技术模拟一个大的天线系统来提高方位向的分辨率，而距离向分辨率是通过距离向脉冲压缩技术拓展的，从而使真实孔径雷达的图像分辨率大大提高，生成幅度和相位都相对精确的雷达影像。

2.1.2　真实孔径雷达系统

真实孔径雷达(Real Aperture Radar, RAR)是沿飞行方向(方位向)以一定的角度沿距离向发射窄带脉冲束，接收从目标传回的后向散射信号，接收到的信号形成雷达图像。

孔径是收集反射能量用于成像的开放区域，对于雷达系统而言，孔径就是雷达天线。天线将一个椭圆锥状的雷达波束，以一定的侧视角沿距离向发射出去(如图 2-3 所示)，照

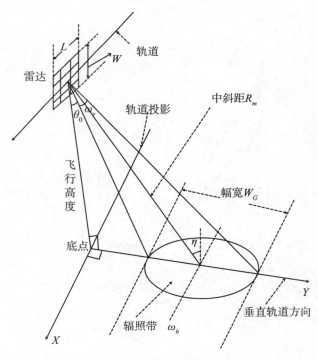

图 2-3　雷达成像几何

射到地球表面的一个辐照带上，经散射部分能量被雷达天线接收用于成像。回波按地物至天线的距离被先后散射回天线，并依次记录，构成雷达图像的距离向（Range Direction）。雷达系统在发射雷达波的过程中，平台不断向前移动，间隔一段时间，雷达再次发射雷达波束，可对下一个辐照带成像。这些辐照带序列被并排记录下来，辐照带序列的排列方向，即平台飞行方向为图像的方位向（Azimuth Direction）。

　　真实孔径雷达工作原理为：它是向平台行进方向（称为方位向）的侧方（称为距离向）发射宽度很窄的脉冲电波波束，然后接收从目标返回的后向散射波。按照散射波返回的时间排列可以进行距离向扫描，而通过平台的行进，扫描面在地表上移动，可以进行方位向扫描。雷达图像的空间分辨率包括两个方面：距离分辨率和方位分辨率。距离分辨率是指雷达所能识别的同一方位向上的两个目标之间的最小距离，它由脉冲宽度 T 和光速 c 来计算，即为：$c \cdot \dfrac{T}{2}$（斜距分辨率）或 $c \cdot \dfrac{T}{2}\cos\theta d$（地距分辨率）。方位分辨率为波束宽度 β 与到达目标的距离 R 之积，而波束宽度与电磁波长 λ 成正比，与天线孔径尺寸 D 成反比，所以方位分辨率为：$\lambda \cdot \dfrac{R}{D}$。

　　由此可知，为提高真实孔径雷达的距离分辨率，必须降低脉冲宽度。然而脉冲宽度过小则会造成反射功率下降，反射脉冲的信噪比降低。为解决这一矛盾，可使用脉冲压缩技术。要提高方位分辨率，就必须增大天线的孔径。

　　对于雷达成像，距离向成像构成影像的行。对于平面内某一行像素，不同的雷达斜距 R 对应于不同的像素，如图 2-4 所示。影像距离向的宽度，通常叫幅宽，如图 2-3 所示，幅宽 W_G 可通过公式近似计算：

$$W_G \approx \frac{R_m \cdot \omega_v}{\cos\eta} = \frac{R_m}{\cos\eta} \cdot \frac{\lambda}{W} \tag{2.4}$$

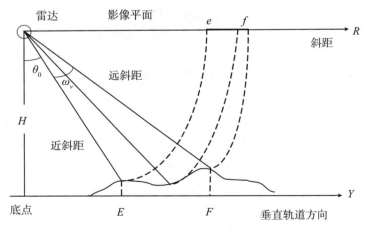

图 2-4　雷达斜距投影

15

其中 R_m 为雷达天线中心到辐照带的斜距，η 为天线中心的雷达入射角，ω_e 是与平台飞行方向垂直面内的圆锥顶角，即波束高度角，它与雷达天线宽度 W 和雷达波长 λ 有关。

为了改善距离分辨率，雷达脉冲应该尽可能地短，但天线只有发射足够能量的脉冲才能使目标反射信号被探测到。如果脉冲被缩短，则必须增大它的幅度来保证能量足够大。目前雷达设备不能发射非常短且能量很高的脉冲信号，多数雷达系统采用线性调频——脉冲压缩技术改变脉冲振幅和宽度，提高距离分辨率。地基 RAR 系统一般具有一定长度的天线，相较于地基 SAR 系统来说，该系统不需要轨道，影像采集时间短，成像算法相对简单且快速。

2.1.3　新体制雷达系统

MIMO(Multiple Input Multiple Output)雷达的全称为多输入多输出，其概念在 2003 年由美国林肯实验室的 Bliss 和 Forsythe 首次提出，是一种新体制雷达，目前已成为国内外雷达界的一个研究热点。在 MIMO 雷达定义中，多输入是指同时发射多种雷达信号波形(一般是多个天线同时发射不同的波形)，多输出是指多个天线同时接收并通过多路接收机输出以获得多通道空间采样信号。在这一概念框架下，传统的机械扫描雷达由于只发射一种信号波形，也只有一路接收机输出，其属于单输入单输出雷达；单脉冲雷达只发射一种信号波形，一般有两路(和波束与差波束或者左波束与右波束)接收机输出，其属于单输入双输出雷达；相控阵数字波束形成(Digital Beamforming，DBF)体制雷达是多个发射天线同时发射相同波形的信号，多个接收天线也同时接收信号并经多路接收机输出，它可以看作单输入多输出雷达。根据发射和接收天线中各单元的间距大小，可以将 MIMO 雷达分为分布式 MIMO 雷达(又称统计 MIMO 雷达或非相干 MIMO 雷达)和集中式 MIMO 雷达(又称相干 MIMO 雷达)两类。分布式 MIMO 雷达中收发天线各单元相距很远，使得各阵元可以分别从不同的视角观察目标，从而获得空间分集增益，克服目标雷达截面积(Radar Cross Section，RCS)的闪烁效应，提高雷达对目标的探测性能。而集中式 MIMO 雷达的收发天线各单元相距较近，各个天线单元对目标的视角近似相同，且每个阵元可以发射不同的信号波形，从而获得波形分集，使得集中式 MIMO 雷达具有虚拟孔径扩展能力及更灵活的功率分配能力，改善系统的能量利用率、测角精度、杂波抑制及低截获能力等性能。

MIMO 雷达通常包含多个发射天线和多个接收天线(天线也可以收发共用)，各发射天线发射不同的信号波形，各发射信号经过目标反射后被多个接收天线接收，并经过多路接收机后送给信号处理进行后续处理，MIMO 雷达的组成框图如图 2-5 所示。在 MIMO 雷达系统中，各阵元各发射信号不再是一组相干信号，而是一组相互正交或部分相关信号。此时各信号在空间叠加后不会形成高增益的窄波束，而是会形成低增益的宽波束，对较大的空域范围同时实现能量覆盖，从而实现对大空域范围内的目标同时进行跟踪和搜索。如图 2-6 所示，当 MIMO 雷达各发射信号相互正交时，则其发射能量覆盖没有方向性(假设单个天线单元没有方向性)，在所有方向增益相同；当各发射信号部分相关时，则其发射能量覆盖为低增益的宽波束,波束指向和波束宽度由发射信号波形及其相位决定;当各发射信号完全相关(即相干)时,则其发射能量覆盖为高增益的窄波束,波束指向由发射信号相位决定,此时等效于各发射信号完全相同,只是相位不同,这时就变成了常规的相控阵雷达(更准确地说是数字阵列雷达)。

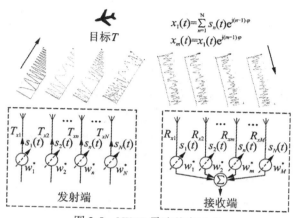

图 2-5　MIMO 雷达基本组成

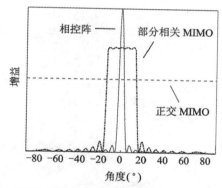

图 2-6　MIMO 雷达不同发射信号时的发射能量覆盖图

2.2　常用 GBSAR 系统介绍

2.2.1　LISA 系统(欧盟)

LISA(Linear SAR)系统(如图 2-7 所示)是欧盟 Joint Research Centre 开发的,采用线性调频信号体制,发射和接收天线放置在电脑控制的定位器上,在方位向定位器移动合成线性孔径。

17

表 2.1　　　　　　　　　　　　　　　　**LISA 技术参数**

参数	LISA
波段	C 波段、Ku 波段
发射功率	25dBm
极化方式	VV、HH、VH、HV
测量频率范围	16.70~16.78GHz
频率采样点	1601 点
频率步进值	50kHz
合成孔径长度	2.8m
合成孔径采样数	401
研究区域平均距离	1000m
理想距离分辨力	1.9m
理想方位分辨力	3.2m

图 2-7　LISA 系统

2.2.2　IBIS 系统(意大利)

　　IBIS（Image by Interferometry Survey）系统是意大利 IDS 公司和佛罗伦萨大学联合开发的地基雷达系统，包括三种型号 IBIS-S(图 2-8)，IBIS-L(图 2-9)和 IBIS-M(图 2-10)。其中 IBIS-S 为真实孔径地基雷达，监测精度达到 0.01mm，在桥梁和建筑物的形变监测中有广泛的应用；IBIS-L 为带有轨道的监测装置，用于大片区域变形监测，能提取监测区域内的二维位移场；IBIS-M 是 IBIS-L 的升级版，主要用于对矿山边坡实施实时连续监测。

图 2-8　IBIS-S 系统

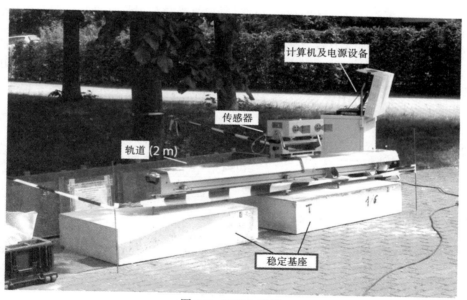

图 2-9　IBIS-L 系统

与传统的监测方法比较，IBIS 微变远程检测雷达的优势在于：

（1）测量范围大，最大为 7 平方千米。遥测距离最大可为 4 千米，对大型目标物的信息可以一次捕捉到。

（2）不受气候影响，在雾天、雨雪天、扬尘的天气条件下仍可正常工作。

（3）全天 24 小时连续监测。

（4）精度高，静态检测可达 0.1mm，动态可达 0.01mm。

图 2-10　IBIS-M 系统

　　IBIS 系统的天线采用 VV 极化方式，即电磁信号垂直发射垂直接收。而天线信号的辐射样式由选用的天线类型决定。天线增益是指定方向上的最大辐射强度和天线最大辐射强度的比值，即天线功率放大倍数。它是雷达天线的主要参数之一，表征了天线定向辐射的能力。IBIS 提供了多种天线，不同类型的天线增益、半功率衰减角宽（亦称为 $-3dB$ 衰减角宽）略有区别。信号功率等决定了雷达信号能够辐射的最远距离，而天线增益和孔径的长度等决定了方位向的尺度大小。

表 2.2　　　　　　　　　　　　　　　　IBIS-L 和 IBIS-S 技术参数

参数	IBIS-L	IBIS-S
主频	Ku 波段	Ku 波段
雷达类型	SF-CW	SF-CW
平台	地面	地面
雷达类型	SAR	RAR
最大监测距离	4000m	1000m
距离向分辨率	0.5m	0.5m
方位向分辨率（1000m 距离）	4.4m	—
位移精度	0.1mm	0.01mm
图像采集时间	≤6min	5s
安装时间	≤2h	20min
能量供应	12V DC	12V DC
尺寸（cm）	250×100×100	50×100×40
重量	100kg	30kg
耗电量	70W	40W

2.2.3　SSR 系统(澳大利亚)

　　SSR（Slope Stability Radar）系统(如图 2-11 所示)是澳大利亚 Ground Probe 公司生产的边坡稳定性监测雷达，主要用于露天矿及类似地区井壁的形变监测，监测精度达亚毫米级。SSR 系统完全无须接触井壁，其测量活动不受降雨、灰尘的影响。这使得地质技术人员和矿井操作人员可以轻松跟踪矿井动态，对生产进行合理优化，同时避免了安全风险。采用 X 波段电磁波，带宽为 100MHz。系统测量精度为 0.2mm，测程可达到 850m，水平扫描角度为 270°，垂直扫描角度为 120°，区域扫描时间为 1~30 分钟(取决于扫描区域)，SSR 技术参数如表 2.3 所示。

图 2-11　SSR 系统

表 2.3　　　　　　　　　　　　　　　　SSR 技术参数

技术参数	SSR
测量精度	±0.2mm
测量范围	850m
水平扫描角度	270°
垂直扫描角度	120°
区域扫描间隔	1~30 分钟重复一次
精度	毫米级别

2.2.4　S-SAR 系统(中国)

边坡合成孔径雷达监测预警系统(简称"边坡雷达"，S-SAR)是中国安全生产科学研究院自主研发的基于地基合成孔径雷达差分干涉测量技术的边坡位移遥感监测系统，能够对露天矿边坡、排土场边坡、尾矿库坝坡、水电库岸和坝体边坡、山体滑坡、大型建构筑物的变形、沉降等实施大范围连续监测，可广泛用于重要工程安全保障、健康评估和应急抢险，对各种坍塌灾害进行预警预报。S-SAR 系统的系统组成如图 2-12 所示。其主要特点为：①远距离遥感监测：无需人员进入被测区域安装合作目标；②全天时监测：连续24 小时实时监测；③全天候监测：在几乎所有天气(如雨、雪、雾、尘、风等)条件下都能正常工作；④无人值守：配合自主研发的监测预警软件，系统具备分析危险区域并自动报警的能力，无需专人现场值守监测；⑤三维图形实时更新显示、互联网远程访问：数据自动处理、自动生成报表、短信预警平台；⑥安装便捷：设备运输和安装简单方便，操作自动化程度高，控制和处理软件功能强大，适合野外工作。

图 2-12　S-SAR 系统

S-SAR 的基本原理是基于地基合成孔径雷达差分干涉测量技术。通过地基合成孔径雷达系统技术，在距离向利用脉冲压缩实现高分辨率，在方位向通过波束锐化实现分辨率，从而获取观测区域的二维高分辨率图像；通过差分干涉测量技术，把同一目标区域，不同时间获取的序列二维高分辨率图像结合起来，利用图像中各像素点的相位差反演获得被测区域的高精度形变信息。再利用网络远程控制系统实现自动监测，当边坡变形量和变形速率达到预警级别时，提前发出灾害预警。S-SAR 技术指标如表 2.4 所示。

表2.4 **S-SAR 技术指标**

技术指标	S-SAR
工作频段	Ku 波段
最远监测距离	5km
监测范围	60°×20°
监测精度	亚毫米级
距离向分辨率	0.3m
方位向分辨率	3mrad
单帧测量周期	<10min
防护等级	IP65
供电电源	220V/50Hz
工作温度	−30℃～50℃

第 3 章　GBSAR 干涉测量原理

3.1　GBSAR 成像原理

3.1.1　线性调频与脉冲压缩技术

线性调频信号又称为 Chirp 信号，是广泛应用在信号处理领域的一种脉冲压缩信号。它通过线性频率调制来获得大的时间带宽积。线性调频信号具有二次型的非线性相位谱和线性频率谱，即频率具有线性特性，是具有矩形包络的宽脉冲信号。一维线性调频信号的表达式为：

$$s(t) = \text{rect}\left(\frac{t}{T}\right) \exp(j\pi f_c t + j\pi k t^2) \tag{3.1}$$

其中，t 为时间变量，T 为线性调频脉冲宽度，f_c 为载频频率，k 为调频斜率。信号的相位函数和频率函数为：

$$\varphi(t) = \pi f_c t + \pi k t^2 \tag{3.2}$$

$$f(t) = \frac{1}{2\pi} \frac{\mathrm{d}}{\mathrm{d}t} \varphi(t) = \frac{f_c}{2} + kt \tag{3.3}$$

可见，信号的调频斜率是线性的。图 3-1 给出了载频 $f_c = 0$ 时线性调频信号时域波形，以及相位、频率和时间的关系。

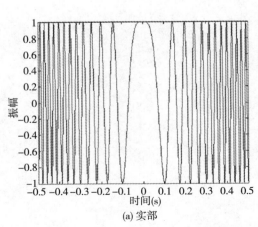

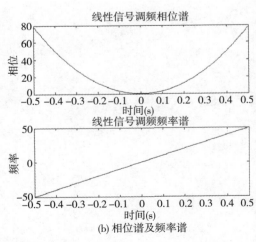

(a) 实部　　　　　　　　　　(b) 相位谱及频率谱

图 3-1　线性调频信号

对宽脉冲线性调频信号进行匹配滤波处理，使其能量集中成为窄脉冲信号，从而获得线性调频信号大时间带宽积所对应的高分辨率，这就是脉冲压缩的概念。

实现脉冲压缩必须满足两个条件：一是发射脉冲必须具有非线性的相位谱，或者说，必须使其脉冲宽度与有效频谱宽度的乘积远大于 1；二是接收机中必须具有一个压缩网络，其相频特性应与发射信号实现"相位共轭匹配"，即相位色散绝对值相同而符号相反，以消除输入回波信号的色散。

线性调频脉冲的相位谱是非线性的，具有大的时间带宽积，符合第一个条件。匹配滤波器也正符合条件中所要求的压缩网络，它是在输入为确知信号加白噪声的情况下，得到最大输出信噪比的传递网络，是一种最佳线性滤波器。因此，采用匹配滤波器对信号进行滤波，得到输出信号最大的信噪比，是一种典型的脉冲压缩方法。经过匹配滤波，信号的分辨率可以提高时间带宽积倍，能力增大时间带宽积的平方根倍。

式(3.1)的匹配滤波器脉冲响应是信号的时间镜像复共轭，在时间轴上平移了 t_0，并乘以增益常数 C，其时域表达式为：

$$h(t) = C \cdot s^*(t - t_0) \tag{3.4}$$

根据驻留相位原理，可以得到匹配滤波器的传递函数为：

$$H(f) = C \cdot \mathrm{rect}\left(\frac{f}{B}\right) \cdot \exp\left(j\frac{\pi}{k}f^2\right) \tag{3.5}$$

上式中，B 为线性调频信号的带宽。线性调频信号经过匹配滤波器后的输出表达式为：

$$s_0(t) = FT^{-1}[S(f)H(f)] = C\frac{\sin(\pi kt T)}{2\pi kt} \tag{3.6}$$

上式说明，输出脉冲具有 sinc 函数型包络，$-3\mathrm{dB}$ 主瓣宽度为 $1/B$，第一旁瓣高度约为 $-13.2\mathrm{dB}$。

图 3-2 给出了信号与其匹配滤波函数的虚部对比波形。

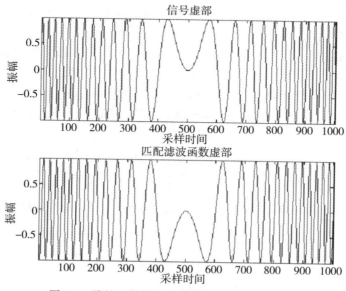

图 3-2　线性调频信号及其匹配滤波函数的虚部

由图 3-3 可以看出信号的带宽以及匹配滤波后输出的脉冲宽度。

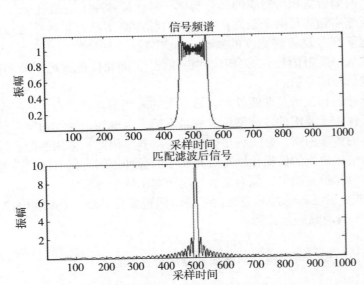

图 3-3　线性调频信号频谱及匹配滤波后的信号

3.1.2　合成孔径原理

合成孔径技术实际上是一种多普勒分析技术。这种技术是利用运动的雷达在同一距离单元中不同的方位向散射体之间小的多普勒频移的差别来提高方位维的分辨率的。简单地说，合成孔径技术就是用一个小的真实天线的运动来等效一个长的天线，因此称之为"合成孔径"。

地基雷达系统 IBIS 是利用 2m 长的轨道平台移动来实现合成孔径的。地物被雷达发射信号照射后会返回包含有地物信息的信号，这个信号通常是以一个较大角度的扇面向空中散射开来，此时可以将其等效为从地物发出了一个广播信号。如果天线是固定不动的，则只能接收到一小部分从地物返回（后向散射）的信号。但是如果雷达是快速移动的，就有可能收集到从地物后向散射到各个方向的信号，这样获得的信息量就大为增加。借助天线的移动，可以将小孔径的天线虚拟成一个大孔径的天线，获得类似大孔径天线的探测效果。

如图 3-4 所示，从地基 SAR 天线合成角度分析合成孔径天线参数与真实孔径天线参数之间的关系。设传感器在长度为 L_s 的导轨上做匀速直线运动，其真实孔径为 D，波束宽度 $\beta = \dfrac{\lambda}{D}$。从地表目标返回的脉冲在入射波束照射到目标期间都会不断地接收，因此，对于某地物目标 P，天线在 T_1 的位置开始接收到其散射信号直至移到位置 T_n 为止。可由图 3-4 得到几何关系为：

$$L_s = \beta R = \frac{\lambda}{D} \cdot R \tag{3.7}$$

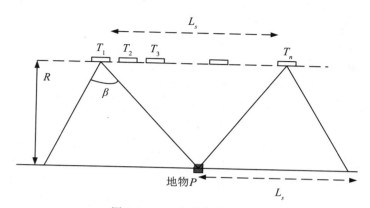

图 3-4　IBIS 方位向成像原理

此时等效的波束覆盖的地面范围是 $2L_s$，合成后其他参数可表示为：

波束宽度

$$\beta = \frac{\lambda}{2L} = \frac{D}{2R} \tag{3.8}$$

方位向分辨率

$$\Delta a = \beta R = \frac{D}{2} \tag{3.9}$$

GBSAR 是通过传感器沿导轨移动来获取合成孔径影像的，图 2-9 中描述了其轨道组件，传感器采用"驻停-继续"的工作模式来采集数据，对 IBIS 系统来说，一幅影像需要进行 401 次重复的采样工作，耗时大约 5min。所获取一维原始数据需要经过压缩处理（即雷达成像）过程，才能得到二维 SAR 影像。成像后的方位向角分辨率可表示为：

$$\Delta \theta \approx \frac{\lambda}{2L} \tag{3.10}$$

上式中 $\Delta \theta$ 为方位角，λ 为雷达波长，L 为轨道长度。这里方位向分辨率沿方位向会随着与雷达中心距离的增加而变大（即：$\Delta a = \Delta \theta \cdot R$）。

3.1.3　GBSAR 成像算法

成像就是针对场景区域目标的某一特性给出其二维图谱。光学成像是对图像场景中目标材质的光学反射系数分布的显示，而雷达成像则是对成像场景中目标电磁散射系数分布的显示。雷达系统通过信号调制装置产生离散的频域采样信号，而通过调整目标与雷达的相对方位关系得到离散的空间采样。假设 $g(x, y)$ 是成像函数，由目标位置 (x, y) 唯一确定，GBSAR 自由空间离散频率下的基本成像方程可以用式（3.11）描述。

$$g(x, y) = \sum_f \sum_\theta G(f, \theta) \cdot \exp(j4\pi rf/c) \tag{3.11}$$

式中，x，y 分别是目标分辨单元在雷达二维平面坐标系中的横坐标与纵坐标，r 则是目标到雷达中心的斜距。θ 是目标偏离雷达波束中心线的偏角，不同的目标位置即对应不同的偏角，$G(f, \theta)$ 是在频率 f 空间位置 θ 处的回波信号采样。基本成像方程适用于各类离散空间和离散频域采样下的成像，其成像精度由空间和频率各采样值的测量精度决定。下面介绍适用于 GBSAR 的三种基本成像算法。

1. 波阵面后向传播算法

波阵面后向传播算法（Wavefront Back-propagation Algorithm）是雷达成像方程的直接应用，根据参数域的不同可以分为频域波阵面后向传播算法和时域波阵面后向传播算法，该成像算法的具体思路如下。

假设二维平面上一个孤立点目标 P，它在以雷达为中心的极坐标系下的坐标是 $P(\rho, \theta)$，在线性雷达阵列上获取的 P 点的后向散射信号是 $G(f, x_a)$，f 是信号的频率，x_a 是雷达天线在导轨（或线性天线阵列）上的位置。假设后向散射信号是在时域和频域里的一致采样信号，x_a 和 f 都在均匀地按照一定步长发生变化，那么我们可以得到如下一个复数二维矩阵：

$$G(f_m, \ x_{a, n}) = G\left(f_m = f_c - \frac{B}{2} + \Delta f \cdot m, \ x_{a, n} = -\frac{L}{2} + \Delta x_a \cdot n\right) \tag{3.12}$$

式中，$m = 1, 2, \cdots, M-1$；$n = 1, 2, \cdots, N-1$；f_c 是雷达中心频率；B 是雷达信号带宽；f 是频率变化步长；M 是频率变化总数；Δx_a 是天线阵列单元间距或者是天线在线性导轨上位置变化的步长；N 是天线阵列单元总数或者天线在导轨上的位置总数。

通过连续累加在不同天线位置、不同信号频率的回波信号，从而得到雷达影像。

$$g(\rho, \theta) = \sum_{m=0}^{M-1} \sum_{n=0}^{N-1} G(f_m, \ x_{a, n}) \cdot \exp\left(j4\pi\rho_n \frac{f_m}{c}\right) \tag{3.13}$$

式中，c 是光速，$\rho_n = \sqrt{(\rho\sin\theta - x_{a, n})^2 + (\rho\cos\theta)^2}$。

利用式（3.13）成像的计算非常耗时，其时间复杂度是 $O(MNM'N')$。M' 和 N' 分别是 y 和 x 方向的分辨单元数。该算法是波阵面后向传播法的频域形式，相应地有时域波阵面后向传播算法。相比于频域形式，时域波阵面后向传播算法计算效率高，其成像公式如下所示：

$$g(\rho, \theta) = \sum_{n=0}^{N-1} G_t\left(t = \frac{2\rho_n}{c}, \ x_{a, n}\right) \tag{3.14}$$

式中，$G_t(t, x_a)$ 是时域的散射回波数据，其计算的时间复杂度是 $O(NM'N')$，当计算的目标不是整幅影像时，计算时间的复杂度则可高效地降低为 $O(NJ)$。时域波阵面后向传播算法在近场和远场的成像具有相同的进度，计算量也较大，通常作为评价其他算法的参考。

2. 极坐标格式化聚焦算法

极坐标格式化聚焦算法（Polar Format Focusing Algorithm）源自光学信号处理，也被称为距离-多普勒算法（Range-Doppler Algorithm）。该算法基于频域后向散射数据的极坐标分布性质，通过对信号用极坐标格式记录来消除距离徙动的影响。由于该算法仅对视场中某一点进行运动补偿，通常适用于远场成像。其成像基本公式由二维傅里叶变换构成，可以应用 FFT 算法，但在傅里叶变换之前需要进行插值计算，而且对距离弯曲只是进行了部分补偿。最初是为星载、机载 SAR 成像设计，在一定约束条件下仍然可以运用到 GBSAR

的成像中。由于对某一个点(通常为影像中心点)进行运动补偿,影像宽幅需要小于雷达到中心点的距离,从而尽量减小聚焦影像中除中心外的其他点产生的几何畸变。由于算法的限制,最终聚焦影像中仍会存在一定的几何畸变,而且随着影像宽幅的增大,畸变会越发严重。极坐标格式化的基本思路是对目标后向散射回波信号数据的存储格式进行修正,如图 3-5 所示。首先,对影像中心点进行运动补偿,完全消除该点的距离弯曲影响。再在距离向和方位向进行插值(即按照极坐标系进行格式化)以减少中心点以外各点处距离弯曲残差。在距离向进行加权处理并计算 FFT,此时应用自聚焦算法减少运动补偿和数据格式化过程的相位误差,再在方位向进行加权处理并计算 FFT。最终得到直角坐标系下的复数聚焦影像。

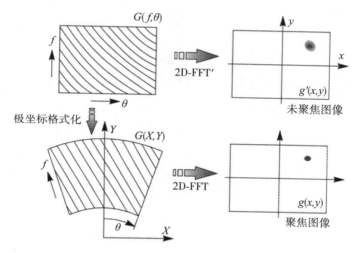

图 3-5　极坐标格式化成像算法

除了影像大小受限之外,极坐标格式化算法的另一个缺陷是在傅里叶变换之前需要进行较为耗时的频域差值计算,仅适用于 GBSAR 远场条件下小范围场景的成像。在远场条件下,通过定义一个伪极坐标系可以避免这一差值计算过程,即远场伪极坐标格式化算法(Far-Field Pseudo-polar Format Algorithm)。假设孔径长度 L 的雷达远场区域内有一点 P, P 点到合成孔径中心(或天线阵列中心)的距离是 ρ, 中心线偏角为 θ, P 点到雷达天线位置的距离是 ρ', 中心线偏角为 θ'。

$$\rho' = \sqrt{(\rho\sin\theta - x')^2 + (\rho\cos\theta)^2} = \rho - x'\sin\theta + \frac{x'^2\sin^2\theta}{2\rho} + \frac{x'^3\sin\theta\cos^2\theta}{2\rho^2} + \cdots$$

$$(3.15)$$

在远场条件下有 ρ, $\rho' \gg L$, 略去高阶, P 点的雷达天线距近似为

$$\rho' \simeq \rho - x'\sin\theta \tag{3.16}$$

P 点的雷达反射信号可以写为

$$g(\rho, \theta) = \sum_{m=0}^{M-1}\sum_{n=0}^{N-1} G(f_m, x'_n) \cdot \exp\left[+j\frac{4\pi f_m}{c}(\rho - x'_n\sin\theta)\right] \tag{3.17}$$

式中，$f_m = f_c - \dfrac{B}{2} + \Delta f \cdot m = f_c + \hat{f}_m$，顾及 $c = \lambda_c f_c$，有

$$g(\rho, \ \theta) = \sum_{m=0}^{M-1} \sum_{n=0}^{N-1} G(f_m, \ x'_n)$$
$$\cdot \exp\left[+ j2\pi\left(f_m \frac{2\rho}{c} - x'_n \frac{2\sin\theta}{\lambda_c} \right) \right] \tag{3.18}$$
$$\cdot \exp\left[- j2\pi x'_n \hat{f}_m \frac{2\sin\theta}{c} \right]$$

第一个指数项为傅里叶变换的核，利用它定义伪极坐标系

$$\begin{cases} \alpha = \dfrac{2\rho}{c} \\ \beta = \dfrac{2\sin\theta}{\lambda_c} \end{cases} \tag{3.19}$$

类似于 $(\rho, \ \theta)$ 定义的极坐标系，α 与坐标系中的距离 ρ 成正比，β 是偏角 θ 的正弦函数，振幅为 $\dfrac{2}{\lambda_c}$。伪极坐标系到极坐标系的转换如式（3.20）所示：

$$\begin{cases} \rho = \dfrac{c}{2}\alpha \\ \theta = \arcsin\left[\dfrac{\lambda_c}{2}\beta \right] \end{cases} \tag{3.20}$$

相应地，目标在笛卡儿坐标系下的横纵坐标为

$$\begin{cases} x = \rho\sin\theta \\ y = \rho\cos\theta \end{cases} \tag{3.21}$$

利用远场伪极坐标格式化算法获取 P 点的回波成像为

$$g(\alpha, \ \beta) = \mathrm{FFT2}\left[G(f_m, \ x'_n) \right] \tag{3.22}$$

式中，$\mathrm{FFT2}[\ \cdot\ ]$ 是二维快速傅里叶变换算子，结合式（3.20）和式（3.21）可以完成伪极坐标系到极坐标系或笛卡儿直角坐标系的转换，计算的时间复杂度是 $O(NM\log_2 M)$。

伪极坐标格式化算法适用于雷达天线远场区域的成像。和极坐标格式化算法不同，该算法在影像中各点均不会引入几何畸变。该算法在伪极坐标系下直接应用二维 FFT，不需要在成像前进行任何的差值计算。远场伪极坐标格式化算法在保证成像精度的情况下是一种高效的计算方法，而且在其伪极坐标系下整幅影像具有一致的分辨率，便于数据的存储。

3. 空变匹配滤波成像算法

空变匹配滤波成像算法（Space-Variant Matched-Filter Imaging Algorithm）是一种近场快速成像算法，最开始用于逆合成孔径雷达（ISAR）成像，Fortuny 1994 年将该方法稍加改进用于近场 SAR 的快速成像，算法的核心是聚焦算子的计算。

假设天线系统以球面波的形式辐射监测目标，且辐射样式未发生畸变，那么高度 h 处目标的二维散射方程可以用式（3.23）描述：

$$I(x,\ y) = \frac{4}{c^2} \int_{x_a} \int_f E_s(f,\ x_a) \psi(f,\ x_a,\ x,\ y)\, \mathrm{d}f \mathrm{d}x_a \tag{3.23}$$

式中，c 为光速，x_a 为目标在方位向上的位置，$E_s(f,\ x_a)$ 是探测到的后向散射信号，$\psi(f,\ x_a,\ x,\ y)$ 是聚焦算子，如式(3.24)所示：

$$\psi(f,\ x_a,\ x,\ y) = \frac{y_a}{x_a^2 + y_a^2} \left(\frac{R}{R_0} \right)^2 f \exp \left[+j \frac{4\pi f}{c} (R - R_0) \right] \tag{3.24}$$

聚焦算子可以写为 $\psi(f,\ x - x_a,\ y)$，变化后，后向散射函数与聚焦算子的计算可以看作傅里叶域的卷积，可以应用 FFT 进行高效的计算。该方法在频域不需要插值，减少了部分计算时间；成像精度高，适用于多种扫描几何形式；除了自由空间目标物的二维和三维成像外，这种算法也可以用于地探雷达成像。JRC 的 LISA 系统在最初设计时便采用了该成像算法。

3.1.4　GBSAR 影像的主要特性

由于成像方法与空间几何关系上的区别，GBSAR 的坐标系统与星载 SAR 影像坐标系统存在较大差异。星载 SAR 卫星从高空俯视地表，目标区域满足雷达天线远场近似条件，经过一定处理后最终得到规则格网下的 SAR 影像数据。GBSAR 作用距离相对较近，目标区域处于雷达天线辐射的近场区附近，一般不满足远场近似条件，形成了 GBSAR 影像特殊的扇形格网坐标系，如图 3-6 所示，GBSAR 对天线信号辐射区的成像就像用一张扇形的格网将信号辐射区域划分成许多分辨单元。

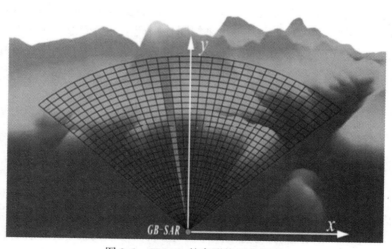

图 3-6　GBSAR 的扇形格网坐标系

GBSAR 的合成孔径处理使得雷达具有方位向上的分辨能力，在每个方向上的一串分辨单元类似一维地基干涉雷达的距离向分辨单元，各方向的坐标关系均可参照一维地基干涉雷达的坐标系统进行分析。地形图制作采用的是平行投影，计算方式相对简单；摄影测量采用的是中心投影，以共线方程为模型进行物方坐标和影像坐标系的转换。直观上看，

31

GBSAR 影像坐标系是一个二维平面直角坐标系，而直角坐标系之间相互转换的常用方法包括相似变换法、多项式拟合变换法等。但由上述一维地基干涉雷达坐标系统的分析，我们知道，GBSAR 中的投影方式也不满足相似变换的条件。而且，与星载 SAR 影像类似，在 GBSAR 的影像中同样存在透视收缩、雷达阴影、顶底位移（或顶底倒置）和叠掩效应等现象，如图 3-7 所示。

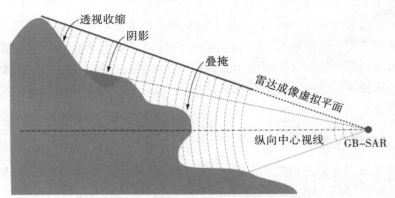

图 3-7 GBSAR 二维平面坐标系统的投影方式

由于几何视场的关系，地表坡度较陡的区域方位向分辨率的大小大于影像方位向分辨率，且变化幅度与地表坡度大小相关，这一现象称为透视收缩。如雷达视场中存在遮挡使得部分区域无法被雷达信号辐射到，便会形成雷达阴影。另外，由于现阶段较为实用的 GBSAR 系统没有竖直向上的合成孔径，紧靠目标到雷达中心的距离分辨目标。如果两个位于同一纵面的目标区域距离雷达中心距离相同，则产生叠掩效应，无法分辨。而叠掩效应一般会引起顶底位移现象。通常情况下，高度相对较高的目标在雷达影像中距离影像坐标零点越远，顶底位移则刚好相反。

3.2 GBSAR 监测原理

3.2.1 InSAR 基本原理

在两幅主、从 SAR 影像中像元 P 中的信息记录为复数形式，既包含 SAR 后向散射强度信息，也包含记录距离的相位信息，这与常规的光学遥感利用灰度信息获取地面目标信息截然不同。像元 P 中的相位观测值由两部分组成，一部分是天线发射的信号经过大气传播至地面点斜距引起的相位延迟，另一部分为地面分辨率单元中的各种地物后向散射信号相互作用引起的附加相位延迟，如式(3.25)所示。

$$\Phi = -\frac{4\pi}{\lambda}R + \Phi_{\text{obj}} \tag{3.25}$$

其中：R 为 SAR 雷达天线到点目标的斜距，Φ_{obj} 为地面分辨率单元中各种地物引起的附加相位值，λ 为 SAR 传感器波长。在干涉处理时如果不存在时间失相干，我们可以认为

SAR 传感器在获取主、从影像时地面分辨率单元地物的后向散射信号未发生变化，也就是说主、从 SAR 地面分辨率单元中的各种地物后向散射信号 Φ_{obj} 相减为零。

SAR 传感器两次获取影像时轨道会发生一定程度的偏离，如图 3-8 所示，主、从影像分别在轨道 S_1 和轨道 S_2 位置获取。P_2 为 SAR 卫星观测的目标点，θ 为 SAR 传感器观测地面点 P_2 的入射角，$B_\perp$ 为基线 B 垂直于 SAR 卫星 LOS 向的分量，R 为 SAR 卫星天线到观测目标 P_1 的斜距，γ 为主影像的入射角的变化，h 为地面点目标 P_2 的高程。H 为 SAR 传感器获取影像的轨道高度，P_1 为参考椭球面上一点，位于 P_2 附近。由于 $B \ll R$，则可近似地认为 $S_2 P_2 = C_2 P_2$，$S_2 P_1 = C_1 P_1$。

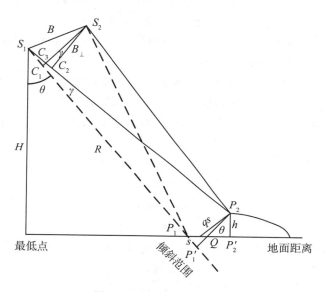

图 3-8　InSAR 几何原理图

SAR 传感器在 S_1 和 S_2 位置获取地面目标点 P_1 与 P_2 回波信号的距离差为：

$$\Delta r = (S_1 P_2 - S_2 P_2) - (S_1 P_1 - S_2 P_1)$$
$$= S_1 C_2 - S_1 C_1 \qquad (3.26)$$
$$= C_2 C_3$$

在 $\Delta C_2 S_2 C_3$ 中，可以计算得到入射角变化值：

$$\tan\gamma = \frac{C_2 C_3}{B_\perp} = \frac{\Delta r}{B_\perp} \qquad (3.27)$$

同理，在 $\Delta S_1 P_2 P_2'$ 中，可计算得到入射角变化值：

$$\tan\gamma = \frac{P_2 P_2'}{R} = \frac{qs}{R} \qquad (3.28)$$

根据式（3.27）与式（3.28），由于 SAR 传感器雷达信号是往返传播的，则有：

$$\Delta r = -2 \frac{B_\perp \, qs}{R} \qquad (3.29)$$

33

由图 3-8 可知：

$$qs = QP_2' + QP_2 = \frac{s}{\tan\theta} + \frac{h}{\tan\theta} \tag{3.30}$$

将式(3.26)表示的距离差 Δr 转化为相位，则有：

$$\Delta\phi = \frac{2\pi}{\lambda}\Delta r \tag{3.31}$$

综合式(3.29)、式(3.30)以及式(3.31)可以得到干涉相位和垂直基线 $B_\perp$、入射角 θ 及斜距 R 之间的关系：

$$\Delta\phi = -\frac{4\pi}{\lambda} \cdot \frac{B_\perp\, qs}{R} = -\frac{4\pi B_\perp\, h}{\lambda R\sin\theta} - \frac{4\pi B_\perp\, s}{\lambda R\tan\theta} \tag{3.32}$$

式(3.32)第一项为地形相位，由于在实际情况下地面目标往往不在参考面上，如地面目标点 P_2。第二项为平地相位，即便是地面目标点 P_1 是参考面上的一点，高程为零的情况下也会引起干涉相位。由此可见，不考虑大气、轨道及噪声引起的相位，想要获取真实的地表高程信息，需要先去除平地相位。

在去除平地效应后，式(3.32)仅剩由地面目标点高程引起的地形相位，经过转化可得式(3.33)：

$$\varphi_{\text{topo}} = -\frac{4\pi B_\perp}{\lambda R\sin\theta_0} \cdot h$$
$$h = -\frac{\lambda R\sin\theta_0}{4\pi B_\perp} \cdot \varphi_{\text{topo}} \tag{3.33}$$

因此，对式(3.33)中高程 h 进行求导，即可得到相位对高程变化的敏感度：

$$\Delta\varphi_{\text{topo}} = -\frac{4\pi B_\perp}{\lambda R\sin\theta} \cdot \Delta h \tag{3.34}$$

令 $\Delta\varphi = 2\pi$，则可得到高程模糊度，即

$$h_{2\pi} = -\frac{\lambda R\sin\theta}{2B_\perp} \tag{3.35}$$

由式(3.35)可知，高程模糊度 $h_{2\pi}$ 与垂直基线 $B_\perp$ 成反比，即垂直基线 $B_\perp$ 越大，高程模糊度 $h_{2\pi}$ 就越小。在实际的 InSAR 数据处理中，如果垂直基线过大超过临界基线，会导致 SAR 干涉失相干，影响最终的解算精度。一般情况下，在利用 InSAR 技术获取地表高程信息时，要保证高程模糊尽可能地小。对于 ERS-1/2 卫星而言，垂直基线一般保持在 $200 \sim 300\text{m}$，这样既可以保证干涉的相干性，又能保证测高的敏感度。

3.2.2　GBSAR 几何测量原理

近年来，地基合成孔径雷达作为变形监测的工具已受到越来越多的关注，它主要包括能够接收和发射微波束的雷达传感器，以及重复采集数据时所需的移动滑轨。利用合成孔径技术实现二维成像。获取影像沿方位向的分辨率取决于滑轨的长度：滑轨越长，方向分辨率越高。图 3-9 为地基雷达系统，主要由四部分组成：雷达天线、滑轨、电源以及用于图像采集和数据存储的计算机。

　　GBSAR 是相干雷达系统，通过提取雷达信号中的相位值，进行干涉处理，最终获取监测区域的形变或地形信息。地基 SAR 系统对微小形变十分敏感，测程长（可达到几千米）以及二维成像能力，使其具有其他测量手段无可比拟的技术优势。在过去几十年间，地基雷达干涉测量技术在许多领域得到了广泛的应用，如滑坡监测，大坝以及冰川监测。尽管 GBSAR 相对其他监测手段具有较大的技术潜力，但是准确的形变信息提取并非易事，其过程同样也面临许多技术问题，如大气扰动、时间去相关以及相位解缠等。事实上，为了从地基数据中正确地估算出形变值，需要充分地考虑其数据特点来进行准确的分析和处理。这部分主要从工作原理上介绍 GBSAR 的数据特点。

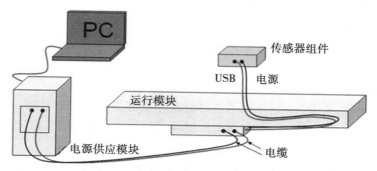

图 3-9　GBSAR 系统的主要组成部分

1. GBSAR 信号

　　如上所述，地基雷达是一种相干雷达，其基本工作原理与常规雷达相似，具有发射能量脉冲并且收集由被照物体或表面反射回的能量信号。如图 3-10 所示，位于左边的雷达系统在时刻 t_0 发射出脉冲延时为 τ 的脉冲信号，假设介质为真空，则以大约为 299792.458km/s 的光速进行传播。脉冲与被测物体进行相互作用后，部分发射信号会于时刻 $t_0 + T_0$ 返回到雷达的接收器。因此，雷达中心与物体间的距离 R 可以通过时间延迟 T_0 求得：

$$R = \frac{c \cdot T_0}{2} \qquad (3.36)$$

　　式中，c 表示光速，T_0 为脉冲传播时间，由于脉冲是"雷达–目标–雷达"的双程路径，因此雷达中心与目标间距离需要取总路程的 1/2。由上可知，雷达能够区别两个位于不同距离物体的最大能力，即距离向分辨率 ΔR，表示为：

$$\Delta R = \frac{c \cdot \tau}{2} \qquad (3.37)$$

　　上式中，τ 为发射脉冲的脉冲延时，显而易见，若两物体位于同一距离内，雷达系统是无法区分它们的。

　　雷达测距公式仅能够提高一维的距离信息，即仅获取目标的距离向（range direction）信息。而通常将垂直于雷达距离向的方向称之为方位向（cross-range direction），其所对应的最大分辨能力，叫方位向分辨率。一般方位分辨率是与天线长度相关的，天线越长，则分辨率越高。虽然通过加长天线可以达到高的方位向分辨率，但是由于天线过长会影响雷达的发射功率，因此常用的提高方位向分辨率的方法是利用合成孔径(SAR)技术。合成孔径技术是通过雷达与目标间的相对运动，整合该目标的多个相干距离信息，从而生成一幅较长真实孔径天线的雷达影像。

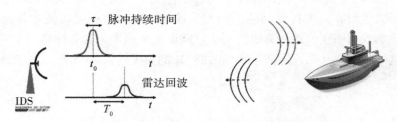

图 3-10　雷达测距的工作原理

2. GBSAR 数据采集

地基雷达获取的原始数据，需要通过后处理才能够得到最终的 GBSAR 影像。这种后处理称之为聚焦或成像。地基雷达能够二维成像是依赖于传感器沿轨道运动的数据采集方式，其成像算法通常采用距离多普勒(RD)算法。

成像后的数据一般用复数形式来表示，每个影像的像元包含实部(I)和虚部(Q)，则振幅(A)与相位(φ)信息可表示如下：

$$A = \sqrt{I^2 + Q^2} \tag{3.38}$$

$$\varphi = \arctan\left(\frac{Q}{I}\right) \tag{3.39}$$

振幅的大小与散射体信号的反射强度有直接关系，便于 SAR 影像场景的解译。由于 SAR 特殊的成像几何，因此振幅影像对于影像解译方面具有重要意义。如图 3-11 所示，场景中一些建筑物的特殊结构特征(图中已标出)，在 SAR 振幅图与场景图中均能够显现，借助振幅影像有利于对地基 SAR 进行影像解译或特殊目标的辨识。甚至有些研究表明，利用时序影像的振幅影像可以进行形变信息的估算。相位部分主要包含了传感器与目标间距离的几何信息，由此能够获取形变或数字表面模型(DSM)，相位信息的提取在后面章节会做详细地介绍。

GBSAR 的成像几何，是距离向采样与方位角采样共同作用的结果。因此，GBSAR 常用的显示方式是采用极坐标的形式(见图 3-12)，距离向采样间隔 ΔR 为极径，方位向 $\Delta \theta$ 为极角。通常 SAR 影像用复数矩阵进行表示，x 为矩阵的列号，y 为矩阵的行号，那么影像中某像元 (x, y) 可以通过下式来计算其对应的极坐标 (ρ, ϑ)：

$$\begin{aligned} \rho &= y \cdot \Delta R \\ \vartheta &= (x - x_c) \cdot \Delta \theta \end{aligned} \tag{3.40}$$

式中，ρ 为传感器到像元间的距离，ϑ 表示该像元所在列与中心像元所在列 x_c 间的夹角。

图 3-11　GBSAR 的强度图(左)与监测区域的场景图(右)

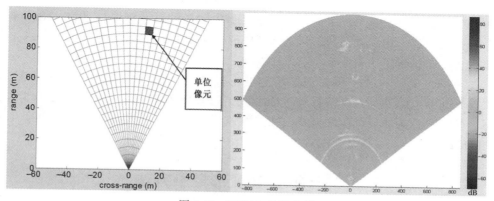

图 3-12　GBSAR 的极坐标

3.2.3　GBSAR 变形监测原理

SAR 影像中的相位包含了雷达中心到照射场景中不同物体的距离等几何信息。这些信息可以通过干涉技术获取得到,即至少两景 SAR 影像不同时刻同一目标的相位差。假设相位 φ_1 和 φ_2 分别来自两幅不同时刻、不同位置影像的同质像元(同一目标体对应的像元),则:

$$\varphi_1 = \varphi_{geom1} + \varphi_{scatt1} = \frac{4\pi \cdot R_1}{\lambda} + \varphi_{scatt1} \qquad (3.41)$$

$$\varphi_2 = \varphi_{geom2} + \varphi_{scatt2} = \frac{4\pi \cdot R_2}{\lambda} + \varphi_{scatt2} \qquad (3.42)$$

式中, R_1 和 R_2 分别表示雷达中心到目标间的距离, φ_{scatt} 是微波与被测量物体间相互作用而产生的相位偏移, λ 为雷达波长,系数 4π 与信号双程传播路径有关。

那么干涉相位 $\Delta\varphi_{21}$,即两幅影像对应像元的相位差值可表示为:

$$\Delta\varphi_{21} = \varphi_2 - \varphi_1 = \frac{4\pi \cdot (R_2 - R_1)}{\lambda} + (\varphi_{satt2} - \varphi_{satt1}) \qquad (3.43)$$

理想情况下,可假设两影像间的相位偏移 $\Delta\varphi_{scatt}$ 是可忽略的,从而上式可简化为:

$$\Delta\varphi_{21} = \varphi_2 - \varphi_1 = \frac{4\pi \cdot (R_2 - R_1)}{\lambda} \tag{3.44}$$

由于地基雷达的空间基线为 0，则上式就是 GBSAR 进行变形监测的基本公式，可知干涉相位 $\Delta\varphi_{21}$ 同雷达与目标间的距离变化 $(R_2 - R_1)$ 直接相关，并且这种关系是两干涉像元间一一对应的。每对干涉影像对中经过干涉处理后得到的相位图，称为干涉图。上式是绝对理想情况下建立的干涉方程，而实际上，必须顾及干涉相位中含有许多其他因素：

$$\Delta\varphi_{21} = \varphi_2 - \varphi_1 = \frac{4\pi \cdot (R_2 - R_1)}{\lambda} + (\varphi_{atmo2} - \varphi_{atmo1}) + \varphi_{noise} \tag{3.45}$$

式中，由于雷达信号在空气中传播，路径会受到大气影响，则 $\varphi_{atmo2} - \varphi_{atmo1}$ 是两影像不同时刻下大气所造成的相位差，φ_{noise} 表示可能由相位偏移 $\Delta\varphi_{scatt}$ 或其他噪声源所产生的相位噪声，类似于系统噪声，需要指出的是，地基 SAR 的干涉相位与星载 SAR 一样，因相位信息是通过反正切函数得到的，干涉相位值是缠绕的，即 $\Delta\varphi_{21} \in (-\pi, \pi]$，需要通过解缠才能得到真实的相位差。

根据不同的监测方式，可将地基雷达变形监测分为连续监测与非连续监测两类。IBIS-L 在不间断电源供电的情况下，全天时全天候地对观测区域进行变形监测称为连续监测模式，反之则称为非连续监测模式。在连续监测模式下，所采集到的 SAR 影像时间间隔是相等的。

3.3　GBSAR 变形监测方法

3.3.1　连续监测方法

地基 SAR 由于是零基线，空间去相干影响较小，采样时间间隔短，其时间去相干影响也较小，因此能够较好地完成对照射区域形变过程的监测。但是，由于大量 SAR 数据中含有的相位信息非常复杂，且大气相位与形变相位在时空分布中都具有较强的相关性，传统的 InSAR 时序分析方法不能直接应用于地基 SAR 的时序处理中。因此，本书基于已有的 InSAR 时序处理方法，探讨不同监测模式下适用于 GBSAR 的时序分析方法。

为获取监测区域二维的时序形变信息，需要通过对 IBIS 监测的原始数据进行处理，基本的数据处理流程主要有以下几方面：

1. 二维监测数据采集

选定监测区域，调整雷达方向，尽量使雷达视向与形变方向平行。避免出现夹角为 90°，由于地基雷达主要是观测形变矢量在视线向的投影，因此若形变方向雷达视线成直角，则其在视线向的投影为 0，即无法得到形变信息(见图 3-13)。

2. 雷达信号成像处理

雷达接收到监测区域的反射信号，距离向根据距离雷达中心的距离由近及远进行记录，方位向是由雷达与目标点的相对运动情况决定的。信号数据无法直接进行干涉处理，因此必须通过成像算法，将雷达信号转换为聚焦成像数据。距离向采用脉冲压缩，方位向采用合成孔径技术，最终得到 SAR 的单视复数影像。

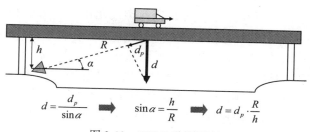

图 3-13 IBIS-L 监测原理

3. 连续干涉相位累积

IBIS-L 是一种连续采样的工作模式，采样间隔一般为 5~10min，如前所述，这种连续干涉相位累积的方法同样也可被应用于 L 型设备的时序监测中。但是，由于 L 型设备的采样间隔要远大于 S 型设备，干涉相位中可能会混入大气及噪声相位，因此相位叠加容易带来误差累积，具体的影响后面章节会给出详细的分析。

4. 形变提取与分析

通过连续干涉相位累积的方法，可以获取监测区域内任一目标点任一时刻的形变值。但是，该方法中存在大量的大气及噪声相位累积，常用单个或多个稳定点对形变结果进行环境改正，进行基于点目标的时序分析技术提取出形变速率，进而得到整个监测区域的形变场，对大型建筑的安全健康状况评估提供重要的参考信息。综上所述，连续监测条件下 GBSAR 简单的变形监测流程如图 3-14 所示。

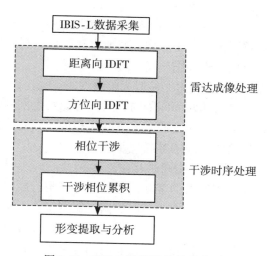

图 3-14 IBIS-L 数据简单处理流程

通过分析上述简单处理流程不难发现，目前连续监测情况下的时序分析方法主要存在以下问题：

（1）采用单一阈值提取 PS 点，精度较差。常用的 PS 点提取方法均是基于单一阈值的，因此存在 PS 点分布及定位不准的问题。后续的时序分析都是基于 PS 点上的分析，错误的 PS 点会带来错误的分析结果。为避免此类问题出现，可以利用双阈值提取方法，能更为高效且准确地提取出 PS 点，为时序分析提供重要的数据基础。

（2）采用累计叠加解缠，存在错误。对于连续获取的 SAR 影像，由于时间间隔较短，通常假定相邻干涉相位间没有发生缠绕，一般采用累计叠加求解真实相位。然而实际测量中，大约 5min 的时间间隔内，由于大气与周围场景是变化的，因此这种假设是不成立的，干涉相位是缠绕的。若仍然采用累计叠加的解缠方法，会存在较大的误差。若采用空间二维加时序一维的解缠方法，能够避免此类错误。

（3）未剔除大气相位，误差累加。类似于问题（2），没有考虑到大气相位的存在，往往得到的干涉相位实际上是形变相位、大气相位等的总和，真实的形变信息往往淹没在影响较大的大气相位中，从而得不到正确地提取。通常可以利用二次曲面拟合的方法对大气相位进行改正，以保证形变结果的可靠性。

3.3.2　非连续监测方法

变形监测有时往往需要对监测区域进行长年累月地监测，才能发现其季节性或周期性的形变规律。而长周期地连续观测时，不可能将地基雷达一直安置于同一观测平台上。即使可建立永久性观测平台，也无法确保在安置过程中不出现位置偏差。在此情况下，原有的雷达与被测区域间的几何关系无法得以恢复，所获取的形变数据也是无法使用的，监测数据的连续性同样会受到破坏。目前非连续监测情况下的时序分析方法主要存在以下问题：

（1）设备平台移动，造成 SAR 影像失相干。

当存在空间断点时，GBSAR 平台的稳定性打破，观测原点发生位移时造成 SAR 影像间不再是零基线。原来连续监测状态下的主辅影像像点不再一一对应，从而无法保证相干性。解决此问题可以选择首影像作为主影像，对所有辅影像进行亚像元级配准，重建主辅影像像点间的对应关系，以保证干涉图质量。

（2）监测断点处大气相位发生变化，易造成解缠误差。

当存在时间断点时，在较长的时间间隔内，大气可能发生剧烈的变化，如果直接将其进行时序解缠分析，则得到的相位中会混入大气变化相位。因此，需要采用新的大气相位断点校正方法，以提高变形监测结果的准确性。

（3）监测过程复杂，时空断点可能同时存在。

在连续观测中，还可能出现突发的客观情况，如：暴雨、断电、平台稳定性受外力破坏等，让地基雷达无法正常地连续工作并获取数据，监测工作无法持续进行。一旦这样的情况发生，连续观测条件被打破，尤其是大气的变化及监测区的位移之和大于 $\lambda/4$ 时，就必须经过解缠才能使用。否则，监测的精力及时间也会遭到极大地浪费，地基雷达的连续观测优势也会受到影响。

一般情况下，出现空间断点的监测同样也伴随着时间断点，因此这两种断点情况在实际监测过程中可能同时存在，需要对这类情况进行统一的断点校准处理。综上所述，GBSAR 监测过程中出现的时空监测断点，极大地限制了 GBSAR 技术的应用。因此，需要针对以上的问题提出能够断点校准的 GBSAR 时序分析方法。

第4章　GBSAR 干涉测量技术流程

4.1　SAR 影像配准

配准是干涉图产生的基础,因为它能保证每个地面目标在主辅图像具有相同的像素点。从 GBSAR 观点来看,图像配准在不连续监测下是间断的,在不连续监测活动中,GBSAR 系统设备在每次活动中是重新放置的,通常是使用一些标记来实现 GBSAR 的"定位"。注意到"定位",很容易导致几毫米的重新定位误差。在实际应用情况下,"定位"是很有必要的,这就需要建立一个混凝土基台或者其他精确的机械定位结构。另外,即使是在某些情况下,GBSAR 的位置可以用机械来具体定位,原理上可以保证精确的重新定位,仍然需要图像配准,为了减少任何可能发生的重新定位误差的影响。值得注意的是,获得的两幅图像位置不准确匹配会导致两个结果,即相干损失和相位 φ_{Geom}。

为了配准,首先,需要对辅图像到主图像进行几何关系的转换,然后,再对辅图像重新采样到主图像。为了保证干涉相位质量,进行这个操作需要达到亚像素精度。事实上,一个像素的配准误差可能会产生相干损失,进而可能影响干涉测量。使用不连续监测时,没有进行配准产生的干涉图与进行配准产生的干涉图差别是明显的。

原理上,配准通常是可以避免的,即保持传感器在各采集过程中稳定,从而得到连续监测的 GBSAR 数据。然而,它在实际使用过程中又是必要的,由于在单一图像数据采集过程中大气存在变化,当测量距离较远时会造成图像失真。目前,常用的配准算法主要有相干系数法、相关系数法、频谱极大值法等。

1. 相干系数法

用相干系数 γ 作为匹配测度的步骤与数字摄影测量中用相关系数 ρ 作为匹配测度大致相同。在参考影像中以待匹配点为中心取一定大小的窗口,在对应输入影像的一定搜索范围内,逐行、逐个像素地移动,并计算窗口内的相干系数,相干系数最大处即为最佳匹配点。这种方法需要相干系数的精确计算。但是,相干系数的精确计算却非常困难,需要求得准确的相干相位,对共轭交叉相乘项进行补偿才能算出正确的结果,然而求取准确的干涉相位又依赖于精确的配准结果,因此需要反复的迭代运算。

2. 相关系数法

相关系数法是图像配准的基本方法,常用于模板或模式的匹配,是很多匹配算法的基础。在某些匹配参数未知的情况下,相关系数能给出图像之间总体的配准结果,从而为其他高精度配准方法提供基准点。它应用相关系数(标准化协方差函数)作为相似性测度,计算参考影像和输入影像在不同方位和距离偏移处的互相关系数 CC(0<CC<1)：

$$CC(i, j) = \frac{\sum_M (M - E(M))(S_{(i, j)})}{\sqrt{\sum_M (M - E(M))^2}\sqrt{\sum_{S(i, j)} (S_{(i, j)} - E(S_{(i, j)}))^2}} \tag{4.1}$$

M 和 $S_{(i, j)}$ 分别为参考影像和输入影像的幅度。当搜索到 CC 的最大值时，对应着配准的偏移量。

与相干系数法相比，此方法不需估计干涉相位，具有思路简单、计算快捷的特点，是最好的相似性测度之一。然而，此方法也有固有的缺陷，它的配准精度不高，只能达到像素级，易受随机噪声的影响，产生多个峰值。

3. 频谱极大值法

频谱极大值法是以频谱偏移理论作为基础，同一地面点的两幅影像在成像过程中由于存在观测角度的差异以及基线的存在会导致干涉相位图频谱是非对称的。当两幅影像高度匹配时，经共轭相乘得到的干涉图的质量最高，在频域中有最大的频谱极大值。该方法的具体过程是，首先将匹配窗口定义为 2 的整次幂（便于作快速傅里叶变换）大小，截取同样大小的主、辅复影像块逐点共轭相乘，得到新的乘积复影像。若两复影像为 R 和 S，则两影像的像点可表示为：

$$R_{ij} = a_{ij} + ib_{ij}, \quad S_{ij} = c_{ij} + id_{ij} \tag{4.2}$$

式中，a, b 分别为复影像 R 的实部和虚部；c, d 分别为复影像 S 的实部和虚部。

复影像共轭相乘有：

$$h_{ij} = R_{n+i, m+j} S^*_{i+l, k+j} = (a_{n+i, m+j} + ib_{n+i, m+j})(c_{i+l, k+j} - id_{i+l, k+j}) \tag{4.3}$$

式中，$i, j \in [0, N-1]$；$N \times N$ 为目标窗口大小。

对新的复影像进行二维傅里叶变换：

$$f = \text{FFT}(R \cdot S^*) \tag{4.4}$$

得到二维干涉条纹频谱，频谱中（模）的最大值就代表了最亮条纹的空间频率 f_{max}，最亮条纹的相对质量可以由其频谱的信噪比 SNR 来确定，计算公式如下：

$$\text{SNR} = \frac{f_{max}}{\sum_{i=0}^{N-1} f_i - f_{max}} \tag{4.5}$$

配准区域信噪比 SNR 最高，即为最佳的配准位置。

要生成高质量的干涉条纹，需要先对 GBSAR 图像进行内插处理。采用高精度的三次卷积内插法，利用周围 16 个像素点的灰度值，按一定的加权系数计算加权平均值，示意图如图 4-1 所示。

图像上的浮点坐标为 $(i+u, j+v)$，i, j 为正整数，u, v 为 $[0, 1)$ 区间的纯小数，$f(i+u, j+v)$ 的值是图像中由以 P 点为中心区域的 16 个像素的灰度值共同决定：

$$f(i + u, j + v) = A \cdot B \cdot C \tag{4.6}$$

式中，$A = [s(1+v) \quad s(v) \quad s(1-v) \quad s(2-v)]$，

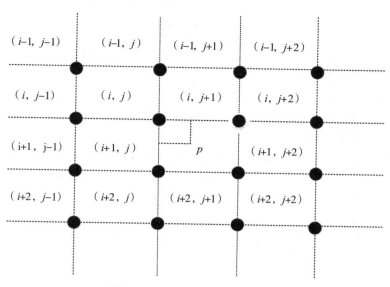

图 4-1　三次卷积内插法示意图

$$B = \begin{bmatrix} f(i-1, j-1) & f(i-1, j) & f(i-1, j+1) & f(i-1, j+2) \\ f(i, j-1) & f(i, j) & f(i, j+1) & f(i, j+2) \\ f(i+1, j-1) & f(i+1, j) & f(i+1, j+1) & f(i+1, j+2) \\ f(i+2, j-1) & f(i+2, j) & f(i+2, j+1) & f(i+2, j+2) \end{bmatrix},$$

$$C = \begin{bmatrix} s(1+u) \\ s(u) \\ s(1-u) \\ s(2-u) \end{bmatrix} \tag{4.7}$$

用插值加权系数函数 $S(\omega)$ 来逼近理论上的最佳插值函数 $\mathrm{sinc}(x)$，其中

$$S(\omega) = \begin{cases} 1 - 2|\omega|^2 + |\omega|^3, & |\omega| < 1 \\ 4 - 8|\omega| + 5|\omega|^3 - |\omega|^3, & 1 \leqslant |\omega| \leqslant 2 \\ 0, & |\omega| \geqslant 2 \end{cases} \tag{4.8}$$

两幅 GBSAR 复图像中，主图像 M 是参考图像，辅图像 S 需要被配准到 M。图像配准的过程主要包含三步：图像匹配、转换估计和图像重采样。

图像匹配包含两幅图像相同点的识别和估计图像在距离及方位向的偏移。偏移估计可以使用不同的方法，如非相干相关（Incoherent Correlation）法使用两幅图像幅度平方的互相关来估计偏移。相关函数的最大值表明了图像 S 和 M 之间的偏移量。当相关性很高时，可以达到 0.05 个像素的偏移精度。偏移的估计通过从主图像 M 选择一系列在场景中有较好空间分布的点，以避免对最后干涉图的系统产生影响或者相关损失。对于每个从主图像选择的像素 (x, y)，其偏移由 $h_{xy} = (h_x, h_y)$ 给出：

$$C(h_{xy}) = \frac{\sum\limits_{i,\ j \in W_{xy}} [M(i,\ j) - \mu_M][S(i - h_x,\ j - h_y) - \mu_S]}{\sigma_M \sigma_S} \tag{4.9}$$

其中，W_{xy} 是 $n \times m$ 的窗口，μ_M、μ_S 分别是图像 M 和 S 在窗口 W_{xy} 内的均值，σ_M、σ_S 分别是图像 M 和 S 在窗口 W_{xy} 内的方差。

函数 C 的取值范围是 $[0,\ 1]$，经过这个步骤，对于每个选择的像素，可以获得其距离向偏移、方位向偏移和互相关值。对于该步骤主要的输入参数是 W_{xy} 的大小，在 GBSAR 数据配准过程中通常选择的窗口大小为 32×32 像元。

转换估计：估计 S 和 M 之间的转换参数，使用的模型是二维的多项式：

$$\begin{cases} p_x(x,\ y) = a_x + b_x x + c_x y + d_x x^2 + e_x xy + f_x x^2 \\ p_y(x,\ y) = a_y + b_y x + c_y y + d_y x^2 + e_y xy + f_y y^2 \end{cases} \tag{4.10}$$

其中 $(x,\ y)$ 是主图像中给定点的坐标，使用最小二乘法来估计转换参数 $(a_x,\ b_x,\ c_x,\ d_x)$ 和 $(a_y,\ b_y,\ c_y,\ d_y)$，观测模型为：

$$\begin{cases} x_S = x_M + P_x(x,\ y) + \zeta_x \\ y_S = y_M + P_y(x,\ y) + \zeta_y \end{cases} \tag{4.11}$$

其中，$(x_M,\ y_M)$ 是主图像上的坐标，对应的辅图像的坐标为 $(x_S,\ y_S)$，$(\zeta_x,\ \zeta_y)$ 是残留的误差值，根据估计的偏移 $(h_x,\ h_y)$ 可以计算转换公式，为：

$$\begin{cases} h_x = p_x(x,\ y) + \zeta_x \\ h_y = p_y(x,\ y) + \zeta_y \end{cases} \tag{4.12}$$

偏移值 $(h_x,\ h_y)$ 可在上一步骤中获得，但一般选用高相关的像素点来偏移估计，典型的互相关阈值为 0.7。

重采样：对于主图像 M 中每个像素值 $(x_M,\ y_M)$，计算在辅图像 S 中 $(x_S,\ y_S)$ 的 $(I,\ Q)$ 值，再选用截断的 sinc 插值。截断 sinc 插值核的大小是关键参数，典型的插值核大小是 8 个像素。

经过 p 次数据采集，得到 p 组回波数据，对获得的 p 组数据分别进行成像处理。从 p 幅 GBSAR 图像中选择图像对，按照图 4-2 所示的选择方式顺序选择，总共有 $(p-1)$ 对图像，对每对图像分别进行配准，得到 p 幅配准图像。

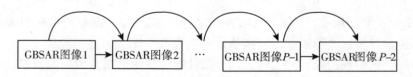

图 4-2　顺序选择两幅 GBSAR 图像进行配准的简单网格

4.2　干涉图生成与相干性估计

对 GBSAR 复影像完成配准后，对其数据实施共轭相乘，由此可以获得干涉相位图。

干涉图的相干性、信噪比会由于系统噪声、数据处理引入的噪声而受到影响，最终对数据解译、相位解缠等过程产生直接影响。通常可以采用前置法或者后置法进行噪声滤波：在干涉图生成之前，对原始复影像实施滤波处理，此即为前置滤波；在干涉图生成后，对其进行滤波，此即为后置滤波。即使在进行前置滤波后才得到干涉图，干涉图中仍然存在一定的噪声，因此对于生成的干涉图，通常还需要进行相位噪声滤波。

物理学中，稳定的干涉生成是需要具备一定条件的。只有当相遇的两列波的频率相同时，才能够产生稳定的干涉现象并且形成稳定的干涉图样。因此，两干涉像对的相干性会受成像姿态和地物特性等因素的影响而降低，进而影响生成干涉图的质量。InSAR 技术中高质量的干涉图生成，是获取高精度高程信息的重要前提，评价干涉图质量的一个关键指标是相干性（coherence），相干性是指线性调频信号的载波和基准信号维持恒定的相位差不随时间的变化而变化。相干系数用来衡量影像之间的相似程度和干涉条纹图的质量。相干性定义为：

$$\gamma = \frac{|E[u_1 u_2^*]|}{\sqrt{E[|u_1|^2] E[|u_2|^2]}} = |\gamma| e^{j\phi} \tag{4.13}$$

式（4.13）中，u_1 和 u_2 分别表示主从两复数图像，$*$ 表示为复共轭，$E[\cdot]$ 表示取数学期望，$|\gamma|$ 为复相干系数，ϕ 为复相干系数的相位。相干系数 $|\gamma|$ 值小于 1，$|\gamma|$ 越大，则干涉条纹质量越高，高程相位精度也就越高。由于相干性反映了地物在两次成像时间间隔内是否发生了变化，它还可以作为 SAR 影像分类的一个指标。

相干性又称相关系数，实际上是衡量影像之间相似程度的测度，因此常用相干性来进行影像匹配以及评价干涉图质量。由于相干性与信噪比（SNR）之间有对应关系，即：

$$\gamma = \frac{SNR}{1 - SNR} \tag{4.14}$$

由上式可以看出，信噪比越大则相关系数也越大，因此也可用相干性作为 PS 点选取的指标。

相干性的定义式（4.13）中的数学期望值可以通过对大量在相同情况下同时获取的干涉图的每个像素计算汇集平均求得。但是，这种方法在实际情况下难以实现。所以，一般假设在 N 个像素的窗口中随机过程是平稳的。由这 N 个像素的空间平均代替汇集平均，从而求得相干性的估计值 $|\hat{\gamma}|$（以下均用 γ 代表）：

$$|\overline{\gamma}| = \frac{\sum_{n=1}^{N} |u_1^{(n)} u_2^{*(n)}|}{\sqrt{\sum_{n=1}^{N} |u_1^{(n)}|^2 \sum_{n=1}^{N} |u_2^{(n)}|^2}} \tag{4.15}$$

对于散射特性比较稳定的 PS 点来说，其相干性在长时间基线干涉情况下，依然能够保持较高的水平。但是并非相干性阈值越高越好，阈值选取过高，会造成 PS 点密度较少，不利于后面的时序处理；阈值选取过低，也会造成混入大量的非稳定点，同样不利于后续的数据处理。通常在星载 SAR 时序影像中，取相干性阈值范围为（0.5~0.7），而地基 SAR 数据因其时间基线相对较短，相干阈值一般大于 0.7。在实际应用中，阈值的选取可以依照 SAR 数据失相干情况适当调整。

4.3　相 位 解 缠

相位解缠是 GBSAR 形变测量的关键步骤，也是时序干涉处理中至关重要的一步，不仅涉及空间维解缠，而且还有时间维解缠。

相位解缠（phase unwrapping）是将相位由值或差值重建为真实值的过程。干涉图中获取得到的干涉相位 ψ，实际上是由式 $\Delta r = \dfrac{c\tau}{2}$ 计算得到的相位主值，取值范围在 $-\pi$ 到 π 之间，称之为缠绕相位。利用 InSAR 技术计算得到的高程信息，是无法直接由缠绕相位 ψ 获取的，必须通过解缠获取绝对真实的干涉相位值 φ_{IF}，定义 $w\{\varphi_{IF}\}$ 为缠绕算子，则：

$$\psi = w\{\varphi_{IF}\} = \varphi_{IF} + 2\pi n \tag{4.16}$$

式中 n 为整数，使缠绕相位 ψ 满足 $\psi \in (-\pi, \pi]$。若要得到真实的相位，必须经过缠绕运算的逆运算，将其重新恢复到真实的干涉相位。严格地讲，相位解缠是一个不可能解决的问题，因为真实相位中含有从所对应缠绕相位中无法获取的信息。由式（4.16）可知，在无约束条件下，缠绕相位对应多个解，因此所有解缠算法至少都遵从一些约束假设，最基本最常见的假设就是：大部分数据满足 Nyquist 采样定律，即干涉图大部分区域空间采样率足够高且不会出现混叠（aliasing）情况。因此，相邻像元真实的干涉相位差应该在区间 $(-\pi, \pi]$ 内。

目前，常用的相位解缠的方法主要有：一维相位解缠、二维相位解缠、基于路径积分解缠、基于全局最优的解缠等方法。

一维相位解缠方法想要从解缠相位中重建真实的相位值几乎是不可能的，当该解缠思想扩展到二维数据时，行、列方向上相邻像元间的相位差分值将不再是独立的，它们之间可以避免一维解缠时出现的错误（因相位不连续而造成的整周跳变）。为避免此类解缠错误，就需要寻找合适的路径对相位梯度进行积分，或者利用真实相位梯度与缠绕相位梯度差异最小的方法。因此，提出了二维解缠方法，可由对相位梯度的路径积分来完成。

基于路径积分的解缠方法又可以分为枝切法、质量图法。枝切法主要是用 2×2 像元形成的最小闭合路径积分检测出二维相位数据中的所有残数点，用枝切使得所有的积分路径不包含未平衡的残数点（积分路径内所包含的残数点的残数和为零）。质量图法的特点则是利用质量图引导解缠路径不会环绕残数点，积分路径不依赖枝切线。解缠过程类似洪水漫淹，但漫淹的顺序是由质量图来引导的。质量图法采用枝切线来避开残数点，但需要依赖干涉质量指标。产生和不断地更新这个邻接表，在计算中占用很大的内存空间和运算时间。通常会采用一定阈值限制过多像元进入邻接表中，高于此阈值加入表，而低于此阈值的像元推迟加入。解缠初始时，阈值可设定较高，在计算过程中逐渐降低，最后解算所有像元的模糊度。

基于全局最优的解缠方法可以分为最小二乘解缠法、最小费用流法。最小二乘解缠法是一种全局最优的解缠方法，实际上是寻找基于最小化范数的相位解缠算法，通过使真实相位梯度和缠绕相位梯度的差异最小来实现全局最优。但是这类算法不检测残数点，不关心相位是否连续，因此最小二乘解无法保证解缠相位与缠绕相位相差整数个 2π 周期，从而会破坏相位主值。它仅能够保证解缠相位梯度与缠绕相位梯度之差平方和最小，不能保证每个像元解是正确的。因此常引入权重来弥补以上缺陷，权重可由相干图等先验知识来确定。最小费用流法可将相位解缠转化为线性的最优化问题的求解，通过图论和网络规划算法来解决这一问题，并且计算效率较高。

4.4 大气相位估计

大气相位部分主要是由大气对 GBSAR 信号的干扰引起的，称为大气相位屏（Atmospheric Phase Screen，APS），影响目标到 GBSAR 系统传感器的距离，但是，也会不同程度上在方位向影响目标。通常，大气效应是高度空间相关，在移除大气相位部分的同时，需要考虑由于设备的重新定位引起的相位误差 φ_{Geom}，它与大气相位部分有着相似的空间特征，因此，设定 φ_{Atmo} 包含 φ_{Geom} 项。

对 GBSAR 系统的大气相位估计的研究，有许多不同的方法，如 Noferini 等采用距离二次函数模型，依据的是静止的目标，通过仅仅使用两个地面控制点（Ground Control Points，GCPs）。其他相似的方法是稍微改变一下模型，例如，从二次的到线性的，或者改变 GCPS 的数量。而永久散射技术（Permanent Scatterers，PS）则是通过假设它们的统计独立性来区分 APS 和目标位移。

1. 基于奇异值分解的最小二乘法算法

经过相位解缠后，干涉相位 $\Delta\varphi_{MS}$ 为：

$$\Delta\varphi_{MS} = \varphi_M - \varphi_S = \varphi_{Geom} + \varphi_{Defo} + \varphi_{Atmo-M} - \varphi_{Atmo-S} + \varphi_{Noise} + 2n\pi \qquad (4.17)$$

其中，n 为解缠处理得到的整数。对于 GBSAR 系统来说，形变是快速的。因此，选择合适的时间间隔对监测区域进行数据采集很重要。而噪声部分对相位解缠的影响可以通过选择像素来减少，设置相对高的相干阈值，选择低 φ_{Noise} 的像素进行解缠处理。

从式(4.17)可以看出，φ_M 与 φ_S 的相位是未知的。相位估计采用的是基于奇异值分解的最小二乘法算法。以式(4.17)的观测方程为基础，其中 n 是相位解缠求出的整数。假设第一步得到 p 幅配准图像中的第一幅的相位值 $\widetilde{\varphi}_0$ 为零，剩下的配准图像中第 i 幅的估计相位是形变相位与大气相位屏的和：

$$\Delta\varphi_{MS} = \varphi_{Geom} + \varphi_{Defo} + \varphi_{Atmo-M} - \varphi_{Atmo-S} + \varphi_{Noise} + 2n\pi \qquad (4.18)$$

$$\begin{cases} \widetilde{\varphi}_i = \widetilde{\varphi}_{Defo-i} + \widetilde{\varphi}_{Atmo-i} \\ \widetilde{\varphi}_1 = 0 \end{cases} \qquad (4.19)$$

其中，$i = 2, \cdots, p$；$\widetilde{\varphi}_i$ 为：

$$\widetilde{\varphi}_i = \begin{cases} \Delta\varphi_{1,i} \\ \vdots \\ \Delta\varphi_{1,2} + \cdots + \Delta\varphi_{i-1,i} \end{cases} \qquad (4.20)$$

式中，$\varphi_{i-1,i}$ 表示第 i 幅和 $i-1$ 幅 GBSAR 图像形成的干涉图的相位经过解缠后得到的相干相位。

第 i 幅图像的相位估计可以写出 $i-1$ 个系统方程，例如 $i=4$，$\varphi_4 = \varphi_{1,4}$，$\varphi_4 = \Delta\varphi_{1,3} + \Delta\varphi_{3,4}$，$\varphi_4 = \Delta\varphi_{1,2} + \Delta\varphi_{2,3} + \Delta\varphi_{3,4}$。因而，对于每个像素点，可以写出 Q 个系统方程和 $P-1$ 个未知数，Q 是相位解缠后的干涉图数，P 是配准图像数，用奇异值分解的最小二乘法来求解未知数，得到 $P-1$ 幅配准图像每个像素点的估计相位。

相位估计整个过程的推导过程的关键参数：残差(residuals)(与相位解缠里面的残差不是一个概念)，是输入的相位值和后验估计相位值的差值：

$$\text{res} = \Delta\varphi_{i,j} - (\widetilde{\varphi_i} - \widetilde{\varphi_j}) \tag{4.21}$$

其中，$\Delta\varphi_{i,j}$ 代表着最初的干涉相位的差值，与残差点相联系的 $\Delta\varphi_{i,j}$ 称为异常值。

算法的主要步骤如图 4-3 所示：

(1)应用奇异值分解的最小二乘法解系统方程，同时计算对应的残差点。

(2)分析残差点，找到大于固定阈值的残差点，选择绝对值大的残差点，找出对应的异常值。

(3)从观察值中移除异常值，进行新的相位估计。

(4)应用奇异值分解的最小二乘法解系统方程，计算异常值对应的残差点。

(5)分析异常值的旧残差点和新残差点。异常值的残差如果是 2π 的倍数，这个观测值可以保留和校正。而对于异常值的保留还是移除，根据旧残差点和新残差点的对比来决定。

(6)新的相位估计，应用奇异值分解的最小二乘法解系统方程，同时，计算对应的残差点。重新开始步骤(2)，过程迭代是从步骤(2)到步骤(5)直到没有残差值大于阈值为止。

2. 基于气象数据和湿度函数校正方法

Iannini 和 Guarnieri(2011)提出了完全不同的方法，以在测量原地获得的气象数据和湿度函数的初始校正为基础，这种方法相比之前的方法有一个主要的优势：因 APS 是由气象数据直接估算的，不受相位解缠误差的影响，可以从缠绕的干涉图中直接移除，表现出了很好的性能。但是，相比上面提出的方法，精度稍微低了一些，在测量场景中大气参数发生强烈变化的情形下，这种方法不可靠。

虽然 APS 主要是距离的函数，但是它能在不同程度上影响目标的方位向。另外，如果想要估计的相位中包含由于重新安置测量引入的相位误差，就需要正确地考虑方位向的影响。

使用最小二乘法对大气相位进行估计，主要假设 APS 是空间相关型式变换程度 g 的二维多项式：

$$\varphi(i,j) = a_{00} + \sum_{r=0}^{g} a_{r,(g-r)} \cdot (i - i_0) \cdot (j - j_0)^{g-r} \tag{4.22}$$

其中，(i,j) 是给定像素的坐标，φ 是 APS 的相位，$a_{r,(g-r)}$ 是多项式参数，(i_0,j_0) 是参考像素点的坐标。根据对监测区域的四周的勘察和监测区域地理信息的了解，确定形变区域的四周没有发生形变，即稳定区域。对于稳定区域的像素点，其 φ_{Defo} 相位为零，则

$$\varphi(i,j) = \varphi_{\text{Atmo}}(i,j) \tag{4.23}$$

APS 估计算法主要步骤：

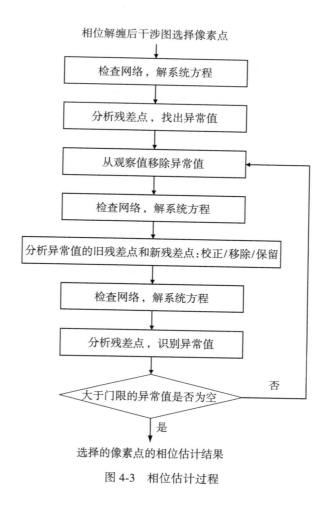

图 4-3 相位估计过程

（1）使用监测区域的地理信息，鉴别稳定区域，理想的监测情形是稳定区域包围着相变区域。

（2）首先使用式（4.22）在选择的稳定区域上估计 APS，然后再通过 LS 调整异常值来进行估计。

（3）最后，用式（4.24）估计形变区域的 APS 相位项。估计的相位项如下：

$$\varphi(i, j) = a_{00} + \sum_{r=0}^{g} \widetilde{a}_{r, (g-r)} \cdot (i - i_0)^r \cdot (j - j_0)^{g-r} \qquad (4.24)$$

其中，$\widetilde{a}_{r, (g-r)}$ 是估计参数，(i, j) 是选择点的图像坐标，(i_0, j_0) 是参考点的坐标。

4.5 视线向（LOS）形变解算

干涉条纹图在经过相位解缠和大气效应的校正后，得到了目标形变量的真实相位，通过相位转换便可计算得到雷达视线向形变值。由于 GBSAR 系统要获得高精度的测量结果，不能直接将视线向形变值当作形变真值来处理，因此，需要根据系统几何关系将视线向形变值转化为形变真值。

　　大气扰动改正、相位解缠处理之后得到真实相位，可由此求解位移值。为将 GBSAR 监测的高精度形变量应用于工程实践，进一步由系统工作的几何关系完成坐标系的转换，并将雷达测得的形变值投影为形变真值。GBSAR 系统的工作模式灵活，需根据具体几何关系选取位移解算模型。雷达的几何关系常被分为两种模型，即平行近似几何关系与精确几何关系，在坐标的归化过程中，应由观测区域实情和具体精度要求进行取舍考虑。

　　由星载雷达进行变形监测实验时，测得的变形值近似视为变形的真量，而 GBSAR 所采用的弹性工作模式，与星载的几何关系存在差异。地基雷达采用的几何原理主要分为两种情况：平行近似几何模型、精确几何模型，具体如图 4-4 所示。

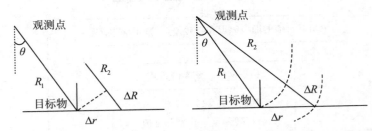

图 4-4　平行近似几何模型的空间关系和精确几何模型的空间关系

　　将雷达和监测目标间的距离与形变值进行对比，两者的差值较大，可将雷达波视为近似平行的关系。设目标的相邻两次观测所得斜距长度分别为 R_1，R_2，将形变真值表示为 Δr，雷达入射角用 θ 表示，视向形变值用 ΔR 表示。

　　由几何关系推导可知，变形基于近似平行模型的距离可表示为：

$$\Delta r = \frac{\Delta R}{\sin\theta} \tag{4.25}$$

对精确几何模型进行求解，根据余弦定理求得：

$$R_2^2 = (R_1 + \Delta R)^2 = \Delta r^2 + R_1^2 - 2\Delta r R_1 \cos(\pi/2 + \theta) \tag{4.26}$$

式中，形变真值 Δr 为自变量，对含有该自变量的一元二次方程求解形变真值可得：

$$\Delta r = -R_1\sin\theta + \sqrt{R_1^2 \sin^2\theta + \Delta^2 R + 2R_1\Delta R} \tag{4.27}$$

　　上式中，由斜距 Δr、视向的实测形变值 ΔR 和雷达波速入射角 θ 共同决定了形变真值。

第5章 GBSAR 误差源分析

5.1 雷达系统误差

5.1.1 多普勒质心差

雷达系统的相位稳定性受到多种因素影响，主要包括参考本振频率的稳定性、接收发射信号的天线与系统之间信号传输路径等。若雷达系统相位不稳定，将造成系统相位的失相干，引入相应误差。若两幅图像的多普勒质心频率存在差异，将会造成去相干，且频率的差异越大，所造成的去相干越明显。多普勒质心频率的波动加剧了相位的模糊度，并影响影像的信噪比、参考函数或补偿因子的精确性，造成图像位置偏移，无法保证高质量的影像获取。同时，雷达设备的系统参数、信号发射天线的方位性图、波束脉冲所具有的重复频率等系统性指标参数均对该类误差存在影响。

设 f_D 表示多普勒质心的频率，f_R 表示多普勒调频率。两次测量过程中，GBSAR 系统的中心频率为 f_D，偏移误差为 Δf_D，则目标点干涉相位为：

$$\varphi_{f_D} = \frac{4\pi}{c}(f_D + \Delta f_D)R_2 - \frac{4\pi}{c}f_D R_1 \tag{5.1}$$

设 $\Delta R_0 = R_2 - R_1$，表示不考虑频率偏移时的形变值，$\Delta R'$ 则为中心频率存在偏移量 Δf_D 时的变形值，则多普勒质心频率偏移造成的距离向偏移值为：

$$\Delta R = \Delta R' - \Delta R_0 = a_f R_2 = \frac{\Delta f_D}{f_D}R_2 \tag{5.2}$$

式中，a_f 为频率偏移比，频率偏移比造成的距离向偏移值可见图 5-1。

雷达系统误差很大程度上受到 SAR 硬件系统影响。为减小该项误差的影响，应尽量选择同一雷达接收并采用相同基准处理后的 SAR 影像。在进行干涉处理时，应尽量选取由零多普勒频率处理后的单视复数影像。GBSAR 系统的中心频率较为微小，且系统的频率通常较为稳定，偏移量在短期内数值较小，故短时间段内的测量可忽略系统频率所造成的误差影响。但是对于长时间或重复多次的监测，系统频率造成的偏移量将随着时间序列的递推而逐步放大，可采取选用稳定度高的频率合成器、运用多级校正的技术、对参考通道进行合理设置，或者选取中频接收机等措施，来确保系统相频特性的稳定与正常。

5.1.2 噪声误差

IBIS-S 具有一维距离向的成像能力，其监测主要通过相位差分完成。由于差分相位存在一定的采样间隔，因此，可能受雷达系统自身或场景影响而产生噪声。

图 5-1　多普勒质心差造成的视线向偏移值(cm)

根据噪声源不同，通常分为系统噪声与场景噪声两类。①系统噪声，也称之为系统热噪声，是指雷达发射器在发射、接收电磁波，以及记录、存储数据时产生的噪声，主要由接收增益因子以及天线特性等雷达系统特性决定；②场景噪声，也称为外部噪声，是指雷达天线从外部辐射源接收到的电磁波所形成的噪声。通常采用降噪天线能够使外部噪声得到一定程度的抑制。这些噪声误差的存在，会降低雷达的监测精度，不仅在雷达天线设计中需要考虑降噪，在数据后处理中同样也需要通过各种处理方法达到噪声去除的目的以提高雷达信号的信噪比(SNR)。

噪声降低了复图像的信噪比，减小了相关系数，引入了部分误差。考虑到热噪声之间存在的相互独立性以及其具有的圆高斯统计特性，设 SNR_i 为相位干涉通道具有的信噪比，则将热噪声所引起的去相关效应表示成：

$$\gamma_n = \frac{1}{\sqrt{1 + \mathrm{SNR}_1^{-1}}\sqrt{1 + \mathrm{SNR}_2^{-1}}} \tag{5.3}$$

为使干涉条纹边缘保持完整，可通过提取噪声影响较小的像素单元(Pixel 点)，再由滤波和后续信号处理技术来抑制噪声的影响。

在过去的几十年中，学者们提出了许多 SAR 滤噪方法。大致可分为两类：成像前的多视处理技术和成像后的处理技术。第一类是根据斑点负指数分布的统计特征的多视处理。一般多视处理有两种：

(1)分割合成孔径的多普勒带宽，分割的孔径分别成像(多视)，然后进行平均处理。经过多视处理的图像被称为多视图像。多视处理的前提是每一个子视图观测必须是相同的地物，几乎是同时并没有辐射失真。它们也应该使用相同的频率和极化方式。

(2)在成像处理之后通过对给定空间的后向散射特性进行假设。最简单的假设是后向散射截面在给定像元附近是常数。在这种情况下，给定 L 个独立像元值，对这些像元的复值进行平均处理，将得到更加准确的像元值。

以上这两种方法都被称为多视处理，在第一种情况下，需要对地基 SAR 成像算法进行重新设计，算法处理难度较大；而在第二种情况下，对于大量获取的地基数据来说，成像后进行多视处理较易于实现。在这两种处理方式下虽然相位的随机噪声会得到较好的抑制，但是信号的空间分辨率都会降低。

5.2 数据采集误差

5.2.1 几何关系不一致

设备在安装时或观测时引起的平台偏移将导致雷达轨道与视角的变动，SAR 复图像将在距离向和方位向发生错位、扭曲，复图像对之间的相干系数将减小，观测的精度将下降。对于长时间的连续观测，平台的偏移量受到很大的影响。对于平台的偏移，可采用近距离照相测量的方法进行补偿，但该方法是通过在目标区域设置参考基准点来实现的，过程较为繁琐，不具普适性。

雷达平台偏移造成的误差改正，可由图像的高精度配准完成。配准前对复图像或相位图中的信息进行统计，确定出主图像和辅图像，并在辅图像中选定大小不变的窗口，由特定的算法准则进行内插和移动处理，逐步完成主图像内对应点的搜索。对主、辅两幅图中相应点的坐标值进行记录，根据坐标差对复图像的像素进行插值，从而尽量保证主辅图像中同一位置的像素对应的地面点统一。也可利用特征点进行配准，但效果易受噪声干扰，安置角反射器生成特征点可以提高配准效果。配准时常选用的准则有：相关系数、干涉条纹、干涉图频谱，即可通过对相关系数、平均波动函数、信噪比等参数的评估来衡量复图像对的配准质量。

1. 相关系数

相关系数定义表达式为：

$$\gamma = \frac{|E[u_1 u_2^*]|}{\sqrt{E[|u_1|^2]E[|u_2|^2]}} = |\gamma|e^{j\varphi} \tag{5.4}$$

式中，两幅图像的复数值用 u_1、u_2 来表示，$*$ 为共轭运算，E 表示其数学期望，γ 表示相关系数，相关系数 γ 的值处于 0 与 1 之间，数值越大则两幅图像间的相关性越大。

2. 平均波动函数

在忽略地形起伏、不考虑噪声存在的前提下，干涉相位值在方位向表现出不变性，距离向的相位值随着距离变化呈现出周期性变化，其干涉相位图为锯齿状。相邻像素间的相位差值较小，仅仅当图像配准精度不足或者是噪声影响无法忽略时，相位差值才有产生突变的趋势与可能性。由此可知，生成干涉相位图时应选取准确配准处理后的 SAR 影像，从而保证相位起伏的稳定。

利用复图像对之间的相位差来对平均波动函数进行定义，可表示为：

$$f = \sum_i \sum_j [|\Delta\varphi(i+1,j) - \Delta\varphi(i,j)| + |\Delta\varphi(i,j+1) - \Delta\varphi(i,j)|]/2 \tag{5.5}$$

上式中，$\Delta\varphi(i,j)$ 表示复图像对中像素点 (i,j) 处的相位差。f 值反映配准的精度，其值越小，配准精度则越高。

3. 信噪比

若两幅复数图的大小相同，对其进行像素级的配准时，先对图像对共轭相乘，完成干涉相位的提取。再由提取出的相位生成干涉条纹，并将干涉条纹变换至频域，获取最亮条纹的空间频率，即求解出相应二维条纹谱内的最大值 $f_{\max}$。由此可将谱的信噪比表示为：

$$\mathrm{SNR} = \frac{f_{\max}}{\sum\sum f_{i,j} - f_{\max}} \tag{5.6}$$

信噪比和相干系数存在的关系可表示为：

$$\gamma = \frac{\mathrm{SNR}}{1 - \mathrm{SNR}} \tag{5.7}$$

SNR 值将反映出配准的质量，同时，相干系数与 SNR 值、配准质量呈正相关关系。根据信噪比可大体判定配准精度，并实现搜索范围的确定。在待配准图块位置移动的过程中，若 SNR 数值增大，则距离最佳配准位置越来越近；与此反之，若 SNR 数值减小，则表明在远离最优点。在对区域逐步搜索的过程中，在移动待匹配图块的同时，对频谱幅度的峰值进行记录，由记录的峰值完成全体数据中最大峰值位置的确定，从而确定出复图像对之间的坐标差。

5.2.2　大气误差

观测环境的变化将影响 GBSAR 的观测精度。其中，大气扰动干扰为主要影响，该项误差的改正是数据处理中的重点和难点。大气对电磁波的传播路径有所影响，并干扰信号的正常传播。设某稳定体为研究对象时，其所处环境中的气象条件随时间推移持续变化，在 t_1 和 t_2 两个不同时刻的大气折射指数也存在差异，设分别对应的相位值之差为 $\Delta\varphi$，该值可表示为：

$$\Delta\varphi = \frac{4\pi R}{\lambda}(n(t_2) - n(t_1)) \tag{5.8}$$

大气扰动影响在小尺度空间上已存在，且具有随机性与多样性，无法用模型精确模拟。目前，对于该误差还没有完善的改正方案，依然沿用星载或机载 SAR 的相关理论。

数据获取时，由大气环境的变化带来的误差影响可达厘米级。由研究现状可知，GBSAR 系统观测中的大气扰动误差的改正思维主要基于两类数据：实测获取的气象元素、分布在外界的固定点信息。

基于温度、湿度、气压等实测气象元素的补偿法，利用先验气象公式对折射率进行估算，构建出大气环境的变化实景，获取大气相位补偿值，完成真实相位值的提取。

当波长为 λ 时，距离雷达 R 处的目标点的回波相位表达式如下：

$$\varphi_{\mathrm{Atmo}} = f(R, \lambda, P_d, T, H) \tag{5.9}$$

式中，P_d 为干气压，其中，温度 T、相对湿度 H 以及总气压 P 均可以从外界的气象站等方式中获取。

5.3 数据处理误差

5.3.1 解缠误差

利用地基 SAR 进行变形监测一般是进行长时间连续观测，常用的时序干涉测量方法，可分为简单的连续干涉累积以及冗余干涉组法。但是从干涉相位的角度来说，都是基于主辅两影像进行干涉处理的。因此，根据地基雷达差分干涉原理，可以建立每个主辅影像间的差分干涉相位模型，则干涉相位可表示为：

$$\Delta\varphi_{MS} = \varphi_S - \varphi_M = \varphi_{\text{Geom}} + \varphi_{\text{Defo}} + \varphi_{\Delta\text{Atmo\_ms}} + \varphi_{\text{Noise}} + 2k\pi \tag{5.10}$$

上式中，$\Delta\varphi_{MS}$ 表示主影像 M 与辅影像 S 间的干涉相位；φ_{Geom} 是由于设备移动或安置误差造成的几何关系不一致而产生的相位，若短时间连续监测时平台没有任何移动则可忽略此项；φ_{Defo} 表示主辅影像采样时刻间产生的形变相位；φ_{Atmo} 为主要由大气折射造成的大气延迟相位，即大气相位；φ_{Noise} 表示可能由内部系统或外部场景所产生的相位噪声；$2k$ 是相位解缠项，其中 k 为未知的整数，即相位模糊度。由缠绕相位估算真实相位的过程，称为相位解缠。

GBSAR 技术在时间序列进行相位累加解算时，若环境变化较大，则残余相位将产生累积。随着时序的推移，可能出现缠绕，相位信息的可靠性受到影响。根据奈奎斯特采样定理，为避免相位缠绕，目标体在相邻两次观测内的最大位移量为：

$$\Delta R_{\max} = \pm\frac{\lambda}{4} \tag{5.11}$$

当观测条件较理想且位移无突变时，相邻两次观测位移差不超过 $\Delta R_{\max}$，则无相位缠绕，可直接由相位差获取雷达视线向的位移信息。若在长时间序列内持续进行观测，则相位值的大小受时间、空间和噪声等失相关误差的干扰较为明显，相位值可能表现出严重缠绕，解缠所用的算法若不够完善，则将引起不可小视的残余误差。

利用 GBSAR 获取数据时，观测的速度快，重复周期间隔短，地形影响可不做考虑，大量数据的获取变得简便易行。在短时间序列的观测中，连续获取数据的方式有利于累积干涉法的使用，进而较好地消除相位缠绕误差。针对连续观测 GBSAR，相邻观测之间的间隔短，环境的变化小，所获取的图像数据间表现出较好的相干性，根据相位累积叠加的规则可快速求算目标体实际的形变量。若像素点 q 在时刻 $t_1 < t_2 < \cdots < t_N$ 的复图像分别为 I_1，I_2，$\cdots$，I_N，则该点的累积干涉相位为：

$$\Delta\varphi_{1,N} = \sum_{i=1}^{N-1} \angle(I_{i+1}I_i^*) = \sum_{i=1}^{N-1} \angle(e^{j(\varphi_{i+1}-\varphi_i)}) \tag{5.12}$$

像素 q 点在 t_k 和 t_{k+1} 时刻的干涉相位 $\Delta\varphi_{k,k+1}$ 为：

$$\Delta\varphi_{k,k+1} = \arg(I_{k+1}(q) \cdot I_k^*(q)) = \varphi_{k+1}(q) - \varphi_k(q) \tag{5.13}$$

设 λ 表示雷达中心的波长。根据差分干涉相位 $\Delta\varphi_{k,k+1}$ 信息求解形变信息，可表示为：

$$\Delta R_{k,k+1}(q) = \frac{c}{4\pi f}\Delta\varphi_{k,k+1} = \frac{\lambda}{4\pi}\Delta\varphi_{k,k+1} \tag{5.14}$$

因为时间、空间和噪声去相关将对结果造成影响，所以在像素质量不佳、数量有限且稀疏的观测区内，相位解缠的精确进行难以得到实现。

5.3.2　形变量解算误差

大气扰动改正、相位解缠处理之后得到真实相位，可由此求解位移值。为将 GBSAR 监测的高精度形变量应用于工程实践，进一步由系统工作的几何关系完成坐标系的转换，并将雷达测得的形变值投影为形变真值。GBSAR 系统的工作模式灵活，需根据具体几何关系选取位移解算模型。雷达的几何关系常被分为两种模型，即平行近似几何关系与精确几何关系，在坐标的归化过程中，由观测区域实情和具体精度要求进行取舍考虑。

由星载雷达进行变形监测实验时，测得的变形值近似视为变形的真量，而 GBSAR 所采用的弹性工作模式，与星载的几何关系存在差异。地基雷达采用的几何原理主要分为两种情况：平行近似几何模型、精确几何模型，具体如图 5-2 所示。

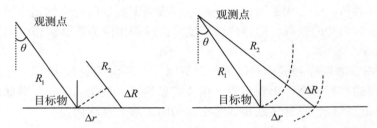

图 5-2　平行近似几何模型的空间关系和精确几何模型的空间关系

将雷达和监测目标间的距离与形变值进行对比，两者的差值较大，可将雷达波视为近似平行的关系。设目标的相邻两次观测所得斜距长度分别为 R_1，R_2，将形变真值表示为 Δr，雷达入射角用 θ 表示，视向形变值用 ΔR 表示。

由几何关系推导可知，变形基于近似平行模型的距离可表示为：

$$\Delta r = \frac{\Delta R}{\sin\theta} \tag{5.15}$$

对精确几何模型进行求解，根据余弦定理求得：

$$R_2^2 = (R_1 + \Delta R)^2 = \Delta r^2 + R_1^2 - 2\Delta r R_1 \cos\left(\frac{\pi}{2} + \theta\right) \tag{5.16}$$

式中，形变真值 Δr 为自变量，对含有该自变量的一元二次方程求解形变真值可得：

$$\Delta r = -R_1\sin\theta + \sqrt{R_1^2\sin^2\theta + \Delta^2 R + 2R_1\Delta R} \tag{5.17}$$

上式中，由斜距 Δr、视向的实测形变值 ΔR 和雷达波速入射角 θ 共同决定了形变真值。视向形变值在目标物形变方向垂直于雷达入射波的情况下取零，雷达系统监测失去了实际意义。

对平行近似模型进行分析，将其误差表达为：

$$\delta r = -R_1\sin\theta + \sqrt{R_1^2\sin^2\theta + \Delta^2 R + 2R_1\Delta R} - \frac{\Delta R}{\sin\theta} \tag{5.18}$$

假设目标视线向形变值 $\Delta R = 0.01\text{m}$，斜距 $R = 30\text{m}$，则可得形变真值近似计算误差与雷达入射角 θ 之间的关系。若雷达入射角 θ 较小，近似几何模型所带来的误差约为毫米级，与 GBSAR 的亚毫米级监测精度相比，是不可忽略的影响。

精确几何模型在使用过程中，所获得的形变真值受到斜距长、雷达信号的入射角以及 LOS 方向的形变值共同作用，且上述自变量之间相互独立。误差均方根可评估出各因素对形变真值的影响程度，对上式中的自变量 R_1，ΔR，θ 分别求取微分，则可得到形变真值与斜距、LOS 上的形变值、雷达波速入射角间的敏感函数：

$$\frac{\partial \Delta r}{\partial R_1} = -\sin\theta + \frac{R_1 \sin^2\theta + \Delta R}{\sqrt{R_1^2 \sin^2\theta + \Delta^2 R + 2R_1\Delta R}} \qquad (5.19)$$

$$\frac{\partial \Delta r}{\partial \theta} = -R_1\cos\theta + \frac{R_1 \sin\theta\cos\theta}{\sqrt{R_1^2 \sin^2\theta + \Delta^2 R + 2R_1\Delta R}} \qquad (5.20)$$

$$\frac{\partial \Delta r}{\partial \Delta R} = \frac{R_1 + \Delta R}{\sqrt{R_1^2 \sin^2\theta + \Delta^2 R + 2R_1\Delta R}} \qquad (5.21)$$

通过研究中的分析可证明，斜距变化对变形观测值造成的干扰较小；角度的影响约为毫米级别，且角度值越大，其变化带来的影响越小。

在利用 GBSAR 进行实时测量过程中，应对视线向（LOS）的形变值进行处理，解算出目标物安全状态评估时需要的方向上的形变真值。在根据成像平面所包含的位移信息来求取地距平面内的位移信息的过程中，解算所用模型也将对位移精度造成影响。为降低解算误差，获取高精度监测结果，应保证斜距长度、雷达入射角等观测参数的精度，并优先选择精确几何模型来解算位移值。

除此之外，在 GBSAR 的图像配准、插值等过程中，模型、算法的不完善也将导致相位去相干。GBSAR 复图像的高精度配准、数据处理算法的完善，也是 GBSAR 测量精度影响因素中有待进一步深入研究和解决的关键问题。

5.4 地基雷达监测精度测试

IBIS-S 系统能够对目标物提供连续、全面的监测，尤其针对桥梁、建筑物、高塔等易发生微小位移变化的物体进行精确监测，得到传感器视线向被测物每部分的位移变化量，进而为分析建筑物或桥梁上每个测量点的变形、振动情况提供必要的数据。该设备的重要参数设置可参见表 5.1，依据不同的采样间隔，IBIS-S 能够提供动态和静态监测两种测量模式：动态模式下数据采样率高，适合对目标物的高频振动进行监测；静态模式下数据采样率较低，适合对稳定场景下目标物的缓慢位移进行监测。由于设备进行数据采集前，可对采样率进行设置，因此可根据不同的监测情况采用适当的参数。

由 GBSAR 干涉测量理论得知，影响其监测精度的因素主要有大气扰动、系统噪声、相位解缠等，但由于 IBIS-S 的高采样率（最大 200Hz，即每秒 200 次采样），短时间间隔大气条件基本一致，因此进行干涉时大气相位得到消除；该设备采用连续干涉相位累积方法求解形变值，在高采样率的情况下干涉相位出现周跳的可能性极小，因此能够影响 IBIS-S

监测精度的因素主要是系统噪声或监测场景的不稳定性，即内部噪声或外部噪声。

表 5.1   IBIS-S 系统主要参数

参数名称	参数数值
监测距离	[0.01~2.0]km
带　　宽	300MHz
中心频率	17.0GHz
距离向分辨率	0.5m
距离/振动测量精度	0.01mm/50Hz
最大采样率	200Hz

为验证 IBIS-S 距离监测的精度，首先在室内环境下利用 IBIS 系统对角反射器进行定量移动监测，具体实验参数参见表 5.2。由于实验条件所限，无法提供自动步进平台，反射器的定量位移是通过人工干预进行的，这在一定程度上造成了雷达视场内的信号干扰，不过同时也模拟了野外监测环境下不可预知的非稳定情况，继而进一步增加了去噪难度。IBIS-S 系统的最大采样率为 200Hz，而实验中仅将采样率设定为大约 74Hz，一定程度上影响了其精度的验证，但另一方面又增加了监测中噪声存在的可能，从而为本书提出的滤波方法提供了必要的数据，实验过程中角反射器移动过程可参见表 5.3。

表 5.2   距离测量实验基本参数设置

参　　数	数　　值
距离分辨率(m)	0.49
采样率(Hz)	74.32
监测最大距离(m)	20
雷达倾角(°)	30

表 5.3   IBIS 测距精度实验方案

方案编号	模拟位移量(mm)	停留时间(s)	往返次数
1	5	50	10
2	1	50	10
3	0.5	50	10
4	0.1	50	10

在 IBIS 精度验证实验中(见图 5-3)，为了准确地获取目标点的位移信息，在场景中架设了两个角反射器，一个可量测角反射器架在三脚架上(较远)，作为模拟形变点；一个

固定角反射器安置于地面上（较近），可视为参照点。从获取的信噪比（SNR）（见图5-4）序列上可以明显地看出，大于70dB的有三个主峰值，第一个是较近处角反射器的反射信号，第二个为较远处角反射器的反射信号，第三个为场景最后面的墙体。由于可量测角反射器高反射率特性，在长时间观测过程中其信噪比一直维持在85dB以上，能够在距离域上清晰地辨识出其所在位置，从而能够对其监测数据进行精确分析。

图5-3　IBIS距离监测实验场景

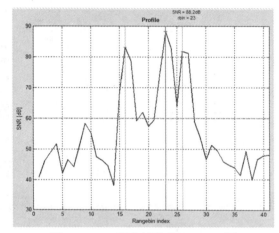

图5-4　IBIS距离域信噪比（SNR）图

　　实验方案中利用可量测角反射器（见图5-5），模拟规律的定量移动。移动方案主要有以下四个：5mm、1mm、0.5mm以及0.1mm，每次移动停留时长约为50s，首先远离雷达中心方向移动5次，然后朝向雷达中心按相同位移量移动5次，往返一共10次。

图5-5　可量测角反射器

　　IBIS-S监测的结果如图5-6所示，该设备在74Hz的采样率下，能够很好地完成0.5mm以上的变形监测，而在0.1mm的方案中基本难以清晰地分辨出各阶段的变形过程，仅能够反映出变化趋势。图中虚线表示未经去噪的IBIS-S监测结果，可以直观地看出监测时段受许多噪声的干扰，形变曲线会出现较大跳变或振荡。数学上，通常利用标准偏差来衡量出一组数据的离散程度，表 5.4 列出了 IBIS-S 获取的原始数据与去噪后的变形数据间标准偏差的对比。显而易见，相较于未经去噪处理的标准偏差均出现了降低，即数据中跳变或振荡的情况大为减少，对噪声等随机误差进行了有效的抑制，对后面的形变分析提供了数据基础。

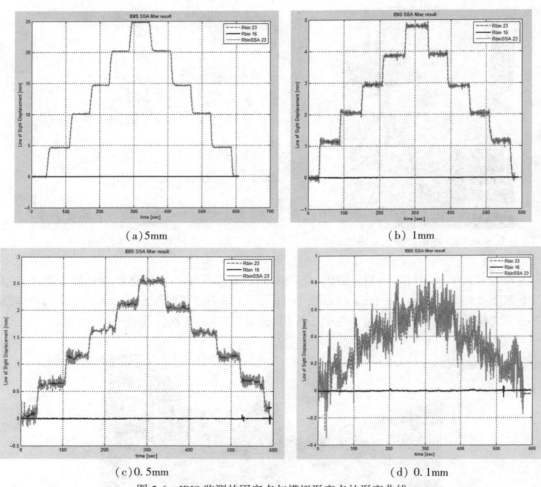

(a) 5mm　　　　　　　　　　　　(b) 1mm

(c) 0.5mm　　　　　　　　　　　(d) 0.1mm

图 5-6　IBIS 监测的固定点与模拟形变点的形变曲线

表 5.4　　　　　　　　　　　　　　　**IBIS 测距数据分析**

方案编号	模拟位移量(mm)	原始数据标准偏差	去噪后标准偏差
1	5	7.6283	7.6240
2	1	1.3977	1.3954
3	0.5	0.7226	0.7192
4	0.1	0.2062	0.1955

第6章　GBSAR 相位解缠方法

6.1　一维相位解缠

假设一维方向上一个复数信号为：

$$s(t) = e^{j5\pi t}, \qquad 0 \leqslant t \leqslant 1 \tag{6.1}$$

其真实的相位信号是：

$$\varphi(t) = 5\pi t, \qquad 0 \leqslant t \leqslant 1 \tag{6.2}$$

经式 $\Delta r = \dfrac{c\tau}{2}$ 反正切提取相位主值运算后，会将真实的相位信号缠绕，结果如图 6-1 所示：

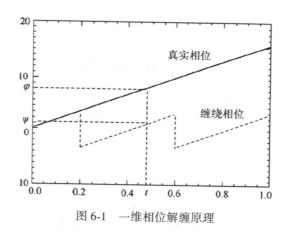

图 6-1　一维相位解缠原理

缠绕相位 ψ 呈周期性变化，当真实相位值大于 π 时，缠绕算子 w 会将其缠绕至区间 $(-\pi, \pi]$ 内。图 6-1 揭示了一维缠绕相位与真实相位间的对应关系。

假设一维的相位采样满足采样定理，即相邻像元间的相位差绝对值小于 π，图 6-1 中时间刻度间距为 $\Delta t = 0.05$，则两相邻相位对应的真实相位差的绝对值为 $|\Delta\varphi| = 5\pi\Delta t = 0.25\pi < \pi$，离散的缠绕相位信号与真实相位间的关系可表述为：

$$\psi(i) = w\{\varphi(i)\} = \varphi(i) + 2\pi n(i), \quad i = 0, 1, \cdots, N-1 \tag{6.3}$$

上式中 i 为样本序号，N 为样本数。定义差分算子 Δ 为：

$$\begin{aligned}
\Delta\{\varphi(i)\} &= \varphi(i+1) - \varphi(i) \\
\Delta\{n(i)\} &= n(i+1) - n(i), \qquad i = 0, 1, \cdots, N-2
\end{aligned} \tag{6.4}$$

利用上式对缠绕相位作差分运算可得到：

$$\Delta\{\psi(i)\} = \Delta\{w\{\varphi(i)\}\} = \Delta\{\varphi(i)\} + 2\pi\Delta\{n_1(i)\} \tag{6.5}$$

再对上式进行缠绕算子运算一次，则有

$$w\{\Delta\{\psi(i)\}\} = w\{\Delta\{w\{\varphi(i)\}\}\} = \Delta\{\varphi(i)\} + 2\pi\Delta\{n_1(i)\} + 2\pi n_2(i) \tag{6.6}$$

式中 n_1 和 n_2 用来表示两次作缠绕运算时的整数序列。因缠绕运算 $w\{\Delta\{\psi(i)\}\}$ 所得到的结果必然在区间 $(-\pi, \pi]$ 内，即 $-\pi < \Delta\{\varphi(i)\} \leqslant \pi$。因此 $2\pi\Delta\{n_1(i)\} + 2\pi n_2(i)$ 必须等于 0 才能同时满足这两个条件。则式(6.6)可写为：

$$w\{\Delta\{\psi(i)\}\} = w\{\Delta\{w\{\varphi(i)\}\}\} = \Delta\{\varphi(i)\} \tag{6.7}$$

通过对缠绕相位 ψ 的差分缠绕值进行积分，即可得到真实相位：

$$\varphi(m) = \varphi(0) + \sum_{i=0}^{m-1}\Delta\{\varphi(i)\} = \varphi(0) + \sum_{i=0}^{m-1}w\{\Delta\{\psi(i)\}\} \tag{6.8}$$

由上式可知，如果对于缠绕相位的差分结果进行缠绕运算后再求和，则可以得到干涉图所包含的真实相位。所有的计算都是基于相邻像元间的相位差绝对值小于 π，但是因噪声存在、相位混叠等情况，很可能这一假设无法满足，因而一维的情形下，从解缠相位中重建真实的相位值几乎是不可能的。当该解缠思想扩展到二维数据时，行、列方向上相邻像元间的相位差分值不再是独立的，它们之间可以避免一维解缠时出现的错误——因相位不连续而造成的整周跳变。为避免此类解缠错误，就需要寻找合适的路径对相位梯度进行积分，或者利用真实相位梯度与缠绕相位梯度差异最小的方法。

6.2　二维相位解缠

由一定条件下通过相位梯度积分，来实现一维相位解缠的思想出发，二维相位解缠可由对相位梯度的路径积分来完成：

$$\varphi(r) = \int_C \nabla\varphi \cdot \mathrm{d}r + \varphi(r_0) \tag{6.9}$$

其中 $\nabla\varphi$ 为相位梯度，C 为连接 r_0 和 r 的任意路径。根据微分学，线积分的结果取决于起点和终点，但与路径本身无关。但在实际情况下，干涉图不一定满足 Nyquist 采样定律，从中提取的缠绕相位场存在大量的相位不连续。需要避开的这些区域，往往都存在相位的不一致，是沿着环绕二维的某一区域的闭合路线对缠绕相位差进行积分时，沿不同路径的积分结果不同。也就是说解缠结果实际上与路径有关。所幸的是，这种不一致的现象总会发生在一些孤立的点或小的区域上。

Goldstein 等(1988)发现这些相位不一致的区域，能够通过相位梯度环绕求和不为 0 来标识出，称之为残数(Residue)。如图 6-2 所示，闭合环路中残数+1 和-1 由残数公式可以计算得到，将残数标定于对应环路的中心，这个过程称为残数探测。

积分时通过这些地方会引起全局的解缠误差，故积分不完全与路径无关，因此积分时要利用行、列方向上相位梯度的相关性避开这些地方。基于以上思想的解缠算法称为路径积分算法，其本质是选择一条适当的积分路径。

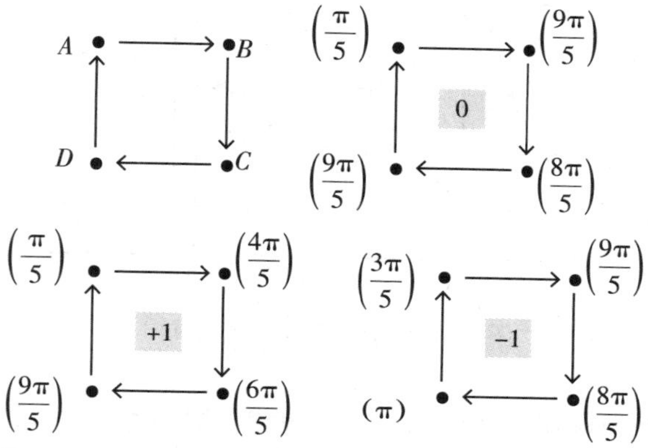

$$\left[\frac{\Psi_A-\Psi_B}{2\pi}\right]+\left[\frac{\Psi_B-\Psi_C}{2\pi}\right]+\left[\frac{\Psi_C-\Psi_D}{2\pi}\right]+\left[\frac{\Psi_D-\Psi_A}{2\pi}\right]=\text{Residue}$$

图 6-2 残数探测示意

6.2.1 基于路径积分的解缠方法

1. 枝切法(branch cut)

Goldstein 在 1988 年提取了经典的路径积分算法——枝切法,此算法用 2×2 像元形成的最小闭合路径积分检测出二维相位数据中的所有残数点,用枝切使得所有的积分路径不包含未平衡的残数点(积分路径内所包含的残数点的残数和为零)。

在图 6-3(a)中,检测出两个残数点,其残数值分别为+1 和−1,用枝切将这两个残数点连接起来,如图 6-3(b)中黑线所示;对相位梯度进行积分时,积分路径不可穿越此枝切,在这种情况下任意闭合路径所包含的残数值为 0。于是枝切法就是将所有的残数点用枝切连接起来,形成多个树状枝切,并且保证每个枝切树所连接的残数点的残数和为 0;连接残数点的枝切表示相位不连续地方,阻止积分路径从这些地方穿过,避免出现整周跳变和二维相位场的不一致。

在设置枝切时,其原则是使枝切的总长度最短,即干涉图中相位不连续的总长度最短。在图 6-4(a)中,黑白色的点分别代表正负残数点,图 6-4(b)中的枝切设置显然是不合理的,会出现不连通的区域无法积分解缠,图 6-4(c)中的枝切设置是较为合理的。

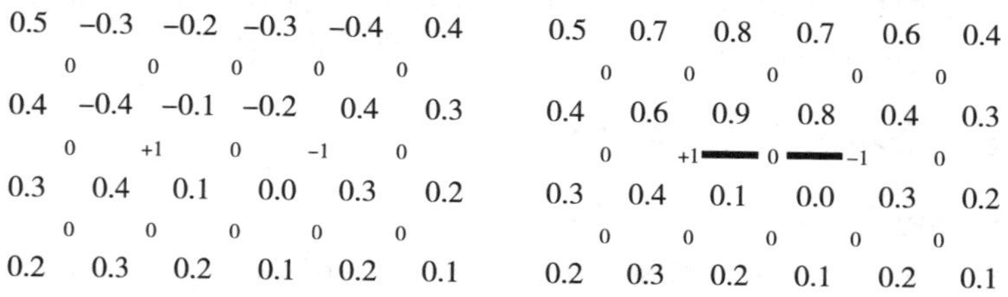

(a)缠绕相位　　　　　　　　(b)解缠相位

图 6-3 枝切法解缠示意图(图中数值需乘以 2π)

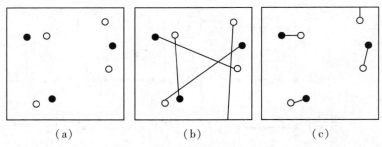

图 6-4　枝切的连接方法示意图

枝切法解缠的计算速度快，解缠相位与缠绕相位只会相差 2π 的整数周期，不会破坏真实相位的主值；但是最大缺点就是当干涉图相干性较差时，可能得不到一个完整的解。在相干性高的区域，其解缠结果是准确的，但在低相干区、残数点密集区，很难正确地设置枝切，常得到不准确解，甚至枝切会形成许多孤立区域，这些区域是无解的。

2. 质量图法(quality guided path following)

枝切法中切线的连接实际上是很复杂的，组合方式会很多，难以判断哪一种结果是最佳选择。因此，有必要引入其他信息来辅助解决这些问题。质量图引导的路径跟踪算法，就是基于这种思路的二维解缠方法。其特点是：利用质量图引导解缠路径不会环绕残数点，积分路径不依赖枝切线。

质量图法的解缠过程类似洪水漫淹，但漫淹的顺序是由质量图来引导的。该方法的基本步骤如下：

(1)按照某一准则(相干性或相位梯度)生成一幅质量图，这样干涉图中每个像元都对应着一个干涉质量标识。

(2)以某一高质量的像元为起点，遍历其邻接像元，将它们解缠后并存入"邻接表"(adjoin list)的数组中。

(3)在邻接表所列出的相邻点中选出一个质量最高的像元，将这个像元从表中删除，将其解缠后并把该像元的相邻像元加入邻接表。

(4)重新将表中各像元按质量排序，如此迭代方式进行下去，逐渐扩大已解缠区域，直至质量最差的像元。

质量图法采用枝切线来避开残数点，但需要依赖干涉质量指标。产生和不断地更新这个邻接表，在计算中占用很大的内存空间和运算时间。通常会采用一定阈值限制过多像元进入邻接表中，高于此阈值加入表，低于此阈值的像元则推迟加入。解缠初始时，阈值可设定较高，在计算过程中逐渐降低，最后解算所有像元的模糊度。

6.2.2　基于全局最优的解缠方法

1. 最小二乘解缠法

最小二乘是一种全局最优的解缠方法，实际上是寻找基于最小化范数的相位解缠算法，通过使真实相位梯度和缠绕相位梯度的差异最小来实现全局最优。Ghiglia 和 Romero 于 1996 年提取最小范数框架来描述这一思想，并提示了很多算法间的理论联系，包括上文所述的路径积分算法。在此框架下，相位解缠被视为最优化问题，优化目标为：

$$\min\left\{\sum_{i,j}q_{i,j}^{(r)}\mid\Delta\varphi_{i,j}^{(r)}-\Delta\varphi_{M(i,j)}^{(r)}\mid^p+\sum_{i,j}q_{i,j}^{(a)}\mid\Delta\varphi_{i,j}^{(a)}-\Delta\varphi_{M(i,j)}^{(a)}\mid^p\right\}\quad(6.10)$$

式中，$\Delta\varphi$ 和 $\Delta\varphi_M$ 为真实相位梯度与缠绕相位梯度，优化目标就意味着它们之间的差异最小。q 是自定义权重，r 和 a 分别代表着距离向和方位向。当 p 取不同值时，对应着不同的范数作为优化标准。当 $p=2$ 时，对应的则是最小二乘法相位解缠。

Ghiglia 和 Romero 在 Fried，Hudgin 和 Hunt 等人工作的基础上，认识到在二维相位场中最小二乘算法实质上就是求解 Neunmann 边界的泊松方程：

$$\nabla^2\hat{\Phi}=\hat{\nabla}^2\Psi\quad(6.11)$$

∇^2 为拉普拉斯算子，$\hat{\Phi}$ 为真实相位场的估值，$\hat{\nabla}^2$ 表示缠绕相位梯度的微分，Ψ 表示缠绕相位场。通过 FFT 或 DCT 可快速求得无权重的最小二乘解。

但是这类算法不检测残数点，不关心相位是否连续，因此，最小二乘解无法保证解缠相位与缠绕相位相差整数个 2π 周期，从而会破坏相位主值。它仅能够保证解缠相位梯度与缠绕相位梯度之差平方和最小，不能保证每个像元解是正确的。因此常引入权重来弥补以上缺陷，权重可由相干图等先验知识来确定。加权后的最小二乘不再适用泊松方程的求解条件，Ghiglia 和 Romero 虽然提出通过迭代运算来趋近于加权最小二乘解，但计算效率大大降低了。当 $p=1$ 时，对应的则是最小费用流的相位解缠方法。

2. 最小费用流(Minimum Cost Flow, MCF)

最小费用流法可将相位解缠转化为线性的最优化问题的求解，通过图论和网络规划算法来解决这一问题，并且计算效率较高。基于以上思想，Costantini 于 1998 年提出了最小费用流算法。

MCF 算法允许将质量参数作为费用函数加入费用流的统计中，并且该算法能够得到解缠相位与缠绕相位整数个 2π 周期的解决方案，从而保护了相位主值不受破坏。假设一个非 0 的费用函数 $C_{i,j}$，将每个边 (i,j) 限定整数个相位周期，则将二维相位解缠问题转化为如下式的费用优化问题：

$$\mathrm{Min}\left(\sum_{\forall(i,j)\in E}C_{ij}\cdot\parallel K_{ij}\parallel\right)\quad(6.12)$$

式(6.12)中，估计真实相位梯度就变成了求解整数 K_{ij}，为满足积分与路径无关条件，则对于矩形的闭合角点 A，B，C，D 来说，必须满足：

$$K_{AB}+K_{BC}+K_{CD}+K_{DA}=\left[\frac{\psi_A-\psi_B}{2\pi}\right]+\left[\frac{\psi_A-\psi_B}{2\pi}\right]+\left[\frac{\psi_A-\psi_B}{2\pi}\right]+\left[\frac{\psi_A-\psi_B}{2\pi}\right]\quad(6.13)$$

上式为此费用函数的约束方程，其数值等于图 6-5 中每个闭合环对应的残数，式(6.12)中 $\parallel\cdot\parallel$ 表示 L_1 范数，E 表示闭合矩形格网的各边。最小费用流是指使网络中总费用最小的流的集合，且总的输入流等于总的输出流，在每个节点上输入流和输出流也是相等的。求解这样一个最小费用流就相当于求解一个与积分路径无关的解缠相位场，问题最终成为在变量为整数的线性费用网络中寻找总费用最小的可行流。网络规划中常用的松弛算法和网络单纯形法可高效解算这一问题。最小费用流可以得到全局 L_1 范数解，但由于过分地强调全局最优解，从而解缠相位会在相干性好的地方丢失较多细节以照顾相干性差的地方。其原因在于基于 L^p 范数的框架只是抽象的数学量，通过它可指导相位解缠，并不能保证求得正确的解。

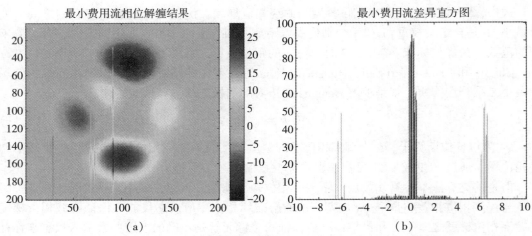

图 6-5　最小费用流相位解缠结果和差异直方图

6.3　"2+1D"时空三维解缠方法

空间的二维解缠是由于干涉相位仅含有真实相位主值，而获取地形信息或形变信息需要掌握每个像元的真实相位，因此通过空间解缠能够重建得到真实相位（相对于起算点）。在时序 InSAR 处理过程中，相位信息不再是空间 2D 的，而是空间加时间 3D 的。从理论上来说，时序干涉相位应该通过真正的 3D 解缠技术来获取空间与时间上的真实相位，但真三维解缠方法非常复杂并且实现的难度较大。在实际应用中，常常用"2+1D"的相位解缠方法来替代真三维相位解缠。该方法基本可分为两步：空间二维解缠和时序一维解缠，本节主要探讨如何对地基 SAR 相位信息进行时序解缠。

6.3.1　时序 1D 解缠方法

由地基 SAR 干涉测量误差分析可知，若主影像相位为 φ_M，而从影像相位为 φ_S，则干涉相位模型为：

$$\Delta\varphi_{MS} = \varphi_S - \varphi_M = \varphi_{\text{Defo}} + \varphi_{\Delta\text{Atmo}} + \varphi_{\text{Noise}} + 2k\pi \tag{6.14}$$

上式中存在有形变相位、大气扰动相位以及噪声相位。对于地基 SAR 变形监测有重要作用的，仅仅是其中的形变相位部分，因此从某种意义上讲，地基 SAR 干涉测量方法类似于星载 InSAR，都是将有用的相位成分从无用的相位成分中一步步剥离的过程。

在分离出形变相位信息前，有必要了解形变信息的特征。利用合成孔径雷达干涉测量方法进行变形监测，通常是基于一定的假设前提的，即目标区域的形变相对于采样间隔是缓慢的。这一假设在实践中也得到了验证，以 IBIS-L 的采样时间间隔平均为 6min 为例：间隔内 1.5rad 的相位形变就会带来 504.2mm/d 的形变速率，3 rad 的相位形变则产生近 1m/d 的形变速率。这种情况在实际的变形区域中是极少出现的，但在干涉处理过程中，由于二维空间解缠存在错误或去相干的影响往往会出现这类错误(如图6-6所示)。因此时序一维解缠实际上就是利用一定的准则与方法,校正这类错误或剔除一些相位质量非常差的 PS 候选点,以确保相位在空间和时间上的准确性。

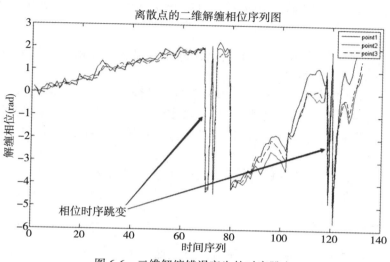

图 6-6 二维解缠错误产生的时序跳变

为了剔除此类错误,需要对空间二维解缠后的时序相位进行处理。式(6.14)左边为实际的观测值,未知数则为主从影像相位。如果假设初始相位时刻的相位 $\widetilde{\varphi}_0 = 0$,则时序上相位估值应该满足:

$$\widetilde{\varphi} = \widetilde{\varphi}_{Defo,\,i} + \widetilde{\varphi}_{Atmo,\,i} \qquad (6.15)$$

即第 i 幅时序解缠相位应含有该时刻的形变相位与大气相位成分(相对于初始时刻),因此,N 幅影像构成的 $N-1$ 个干涉方程则未知数亦为 $N-1$ 个,这是因为假设前提 $\widetilde{\varphi}_0 = 0$。那么估值与观测值间的差值则为残差:

$$\Delta_{res} = \Delta\varphi_{MS} - (\widetilde{\varphi}_S - \widetilde{\varphi}_M) \qquad (6.16)$$

每个像元若仅有 $N-1$ 个干涉相位,则方程只有一个解,无法对估值精度进行评价,因此通常可以利用类似于短基线干涉测量(SBAS)的方法建立冗余观测方程来增加干涉方程的个数。

$$\begin{pmatrix} A_{1,\,1} & A_{1,\,2} & \cdots & A_{1,\,N-1} \\ A_{2,\,1} & A_{2,\,2} & \cdots & A_{2,\,N-1} \\ \vdots & \vdots & & \vdots \\ A_{M,\,1} & A_{M,\,2} & \cdots & A_{M,\,N-1} \end{pmatrix} \begin{pmatrix} \varphi_1 \\ \varphi_2 \\ \vdots \\ \varphi_{N-1} \end{pmatrix} = \begin{pmatrix} \Delta\varphi_1 \\ \Delta\varphi_1 \\ \vdots \\ \Delta\varphi_M \end{pmatrix} \qquad (6.17)$$

式(6.17)表示冗余干涉方程,式中 M 为冗余方程个数,一般是邻近的不小于 3 个 SAR 影像进行两两干涉,可见 $M \ll N$;冗余系数矩阵为 A,矩阵内每个像元均由 1、−1 或 0 组成;式中 $\Delta\varphi_1$,$\cdots$,$\Delta\varphi_M$ 为观测值,最终得到解缠相位的最小二乘估计值 $\widetilde{\varphi}$,$\cdots$,

$\widetilde{\varphi}_{N-1}$。通过最小二乘法奇异值分解（SVD LS）的方法得到相位估值，利用残差评定估值精度，大于阈值则进行解缠处理，满足阈值则视为准确估值。时序相位解缠的过程是一个循环迭代的过程，最终获取整体残差最小的解缠相位估计值。该算法的具体步骤如下：

（1）对每个像元的干涉相位，根据式（6.14）建立时序干涉方程，利用 SVD LS 求解第一组相位估值。

（2）设定残数最大阈值 $\hat{\Delta}_{res}$，本书设定此值为 3rad，如果相位估值对应的残数大于 3rad 则将此点划为"PS 待定点"。

（3）将暂时剔除"PS 待定点"后的干涉方程组，进行新的最小二乘估计。

（4）检核"PS 待定点"，如果残数为 2π 的整数倍，可以对残数取余。若余数小于可接受阈值 Δ_{toler}，则可将此点相位解缠后继续加入干涉方程组，否则剔除，本书设定该阈值为 0.3rad。

（5）检核后，对新的干涉方程进行新最小二乘估计，重复迭代（2）至（5）步骤，直到方程收敛获取最优的相位估值。

6.3.2 时空三维解缠实验

为验证上述时序相位解缠方法，利用 IBIS-L 连续采样的地基 SAR 影像 133 景，观测区域为稳定边坡，如图 6-7 所示，监测时间由凌晨 00：01 至上午 11：58，该区域在 SAR 的成像大小为 845 * 93 个像元。监测区域的平均强度如图 6-8 所示，大部分区域均在 20dB 以上，图 6-9 显示该区域平均相干性在 0.75 以上，说明该区域的 SAR 反射信号较强且散射特性稳定，适合利用地基 SAR 进行变形监测。

利用双阈值 PS 点提取方法，得到稳定的 PS 点 3520 个，极坐标下的点位分布如图 6-10 所示。相较于像幅大小，PS 点密度足以对边坡区域进行时序监测。从监测区域场景图中可以发现，除了稳定的边坡外，图中下方为发电机组且在强度图中呈现出规则的矩形成像（图 6-8 中红色方框已标出），由于监测时段内可能存在因机组发电而引起的变形，因此在选择边坡稳定监测点位时，应该尽量避免这个区域。

若将冗余干涉组内影像数设为 4，则 133 景影像的冗余干涉方程为 393 个。如图 6-11 所示为其中待时序解缠的 PS 点，解缠前在第 352 个干涉方程中出现了大于残差阈值的情况。由于建立的是冗余观测，某时刻的空间解缠错误会影响到邻近相位的残差解算，因此在 355 序列的附近也出现了较大的残差。但经过其余奇异值分解的最小二乘迭代解缠，该处的相位得到了正确的修正，最后时序残差均满足阈值，得到该 PS 点的时序解缠相位。

所有 PS 点经空间二维解缠与时序一维解缠后，可以得到在监测时段内相位的时序变化，下面选取 4 个具有代表性的监测时刻来进行时序解缠相位的分析。如图 6-12 所示，由于时序相位解缠的前提是初始时刻的相位值为 0，则采样时刻 00：01 时的 PS 点相位均为起始值；监测时间为 05：58 时，由于温度湿度的变化，并且附近的发电机组没有工作，整个监测区域有正向的相位变化，因此可以推断出这些形变均是由大气相位造成的；监测时间为 09：43 时，因发电机组正常工作，则在形变相位趋势上表现出与边坡的不一致；同样原因，当监测时间为 11：42 时，边坡受大气相位影响与厂房的形变相位具有明显的不一致。综上所述，可以看到时空三维解缠方法能够准确地得到相位的变化信息，并且稳定的边坡所产生的形变相位主要是由于大气扰动造成的。为获取监测区域真实的形变信息，必须抑制或消除这部分影响。

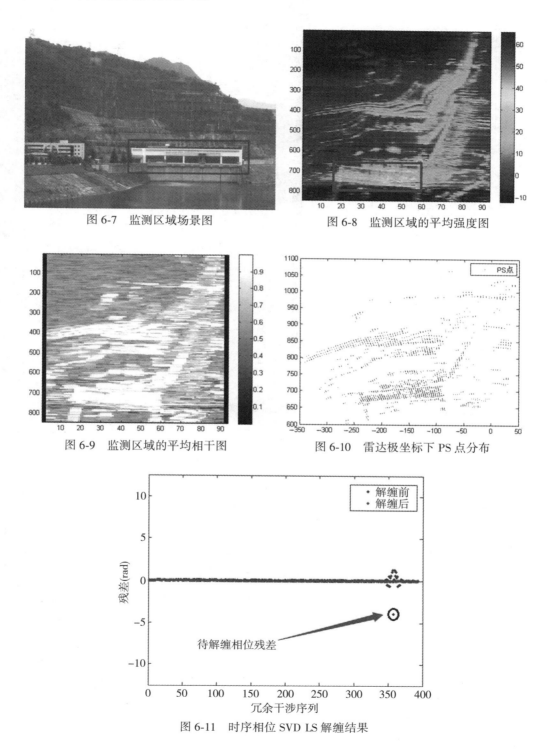

图 6-7　监测区域场景图

图 6-8　监测区域的平均强度图

图 6-9　监测区域的平均相干图

图 6-10　雷达极坐标下 PS 点分布

图 6-11　时序相位 SVD LS 解缠结果

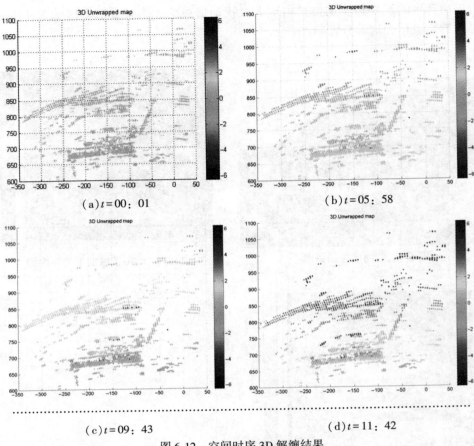

(a) $t=00$：01　　　　　　　　　　(b) $t=05$：58

(c) $t=09$：43　　　　　　　　　　(d) $t=11$：42

图 6-12　空间时序 3D 解缠结果

第7章 大气相位去除方法

在地基 SAR 接收信号的初始干涉相位里，除了形变相位和噪声相位，还有大气扰动引起的相位。大气效应的影响是 GBSAR 干涉相位误差的主要来源之一，它会使传播路径弯曲和雷达信号延迟。目前，还没有系统的方案用来解决大气效应的影响，只能采用近似方法予以减弱，常用的方法主要有：气象参数改正法、固定点法和二次曲面拟合法。这些方法各有优缺点，适用于不同场合，应用中要结合实际情况选择适宜的方法。

7.1 大气相位影响分析

地基合成孔径雷达属于微波雷达的一种，它发出的雷达信号是一种高频微波，实质上也是一种电磁波。电磁波具有波粒二象性，它只能在同一种介质中沿直线传播，在不同介质中会发生折射现象。也就是说 GBSAR 雷达发出的雷达波在不同的大气环境下会发生折射现象，所以，大气中的大气压强、温度、湿度、大气水汽压力等的变化都会影响雷达信号的传播。

假设雷达发射频率为 f 的单频波，根据电磁波传播理论可知，与雷达天线距离为 r 处的目标回波相位可表示为：

$$\varphi(t) = \frac{4\pi f}{c} \int n(r, t) \, \mathrm{d}r \tag{7.1}$$

式中，c 为雷达波在真空中的传播速度，折射率 n 是时间和空间的函数。对于与雷达天线斜距为 R 的目标，折射率 n 只与时间 t 有关，则在时间 t_1 和 t_2 间的目标回波相位差为：

$$\Delta\varphi = \varphi(t_2) - \varphi(t_1) = \frac{4\pi fR}{c} \left[n(t_2) - n(t_1) \right] \tag{7.2}$$

式中，$\Delta\varphi$ 是大气效应引起的干涉相位。分析式(7.2)可知，$\Delta\varphi$ 是目标斜距 R、雷达发射频率 f 和大气折射率差 $\Delta n_{\mathrm{atm}} = n(t_2) - n(t_1)$ 的函数。如果在时间 t_1 和 t_2 时的大气条件完全相同，那么大气效应引起的干涉相位将为零。但是在实际观测过程中，如果不是严格的同时观测，大气条件不会完全相同，所以大气效应的影响将不会为零，需要对其进行改正。

对于 GBSAR 测量，雷达信号只在对流层中传播，折射率 n 是绝对温度 T、气压 P 以及湿度 H 的函数。通常折射率 n 非常接近于 1，为了计算与分析的方便，在电磁波传播中一般用折射度 N 来表示，称为 N 单位，即

$$N = (n - 1) \times 10^6 \tag{7.3}$$

对流层延迟可分为干延迟分量 N_{dry} 和湿延迟分量 N_{wet}，由大气折射经验模型可知，折射度 N 的表达式为：

$$N = N(P,\ T,\ H) = N_{\mathrm{dry}} + N_{\mathrm{wet}} = 0.2589\ \frac{P_d}{T} + \left(71.7 + \frac{3.744 \times 10^5}{T}\right)\frac{e}{T} \qquad (7.4)$$

式中，P 为总大气压，P_d 为干气体压强，e 为水汽压，单位都为 mbar，它们之间的关系为 $P_d = P - e$。如式(7.5)所示，水汽压可以通过 Magnus-Teten 公式计算，其中 e_{sat} 为标准水汽压饱和度。

$$e(T,\ H) = \frac{H}{100} \cdot e_{\mathrm{sat}}(T) = \frac{H}{100} \cdot 6.1016 \times 10^{\left(\frac{7.5T}{T+237.3}\right)} \qquad (7.5)$$

由式(7.4)与式(7.5)可以看出，干延迟分量与大气压 P 及绝对温度 T 相关，湿延迟分量与水汽压 e 及绝对温度 T 相关。由于对流层中的水汽分布在时间和空间上的变化较大，其影响因素也较多，因此湿延迟分量是 GBSAR 大气效应的主要影响因素。

由式(7.2)可得大气效应对 GBInSAR 干涉相位的影响是目标斜距 R 和大气折射率差 Δn_{atm} 的函数，假设给定雷达系统参数，设其中心频率为 2GHz，则其误差曲线如图 7-1 所示，不同观测时间中的大气折射率变化在 10^{-5} 量级时，造成的视线向形变误差可达毫米级，且与目标斜距成正比，因此应采取措施对 GBSAR 测量中大气效应的影响进行改正。

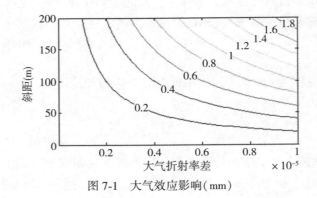

图 7-1　大气效应影响(mm)

对于 GBSAR 遥测距离最远可达 4km 来说，长时间的连续监测大气对干涉相位中的累积误差可能达到几十毫米，这些误差对于高精度的变形监测来说是必须消除的。由式(7.2)可以看出，大气相位与距离、不同时刻的大气折射率有关。可推知当在同一时刻 t 时，大气相位仅与雷达斜距成正比，即距离雷达中心越远则大气误差越大。若能够获取所有像元的气象参数，则可利用式(7.1)得到大气相位并进行改正，但在实践中不可能获取监测场景所有点位精确的气象参数，因此，需要利用其分布规律来拟合大气相位进行改正。

为了准确地估算大气对干涉相位的影响，可利用 GBSAR 实测数据来研究大气相位在采样时刻距离方向上扰动相位的一维分布。如图 7-2(a)所示，对时间基线约为 20min 的两幅地基 SAR 影像进行干涉处理，并对其进行空间解缠。由于时间间隔较短，监测区域稳定，可见差分相位主要是由大气相位的变化引起的，也可以看出相位与斜距间的正相关关系。图 7-2(b)为所有 PS 点差分相位沿斜距的分布图，能够清晰地看出它们之间的线性关系，但仅利用一次项线性方程 $a_1x + a_0 = y$ 无法精确改正距离向的大气相位。同时也能够发现大气相位与 PS 点间不完全是简单的线性关系，这是由于大气相位在方位向上并非常数，因此，精确地进行大气相位改正，必须研究该相位的二维分布规律。

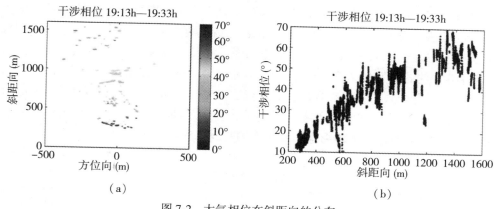

图 7-2 大气相位在斜距向的分布

综上所述，对 GBSAR 采样时刻 t 来说，大气相位的改正实际上就是大气折射率的二维拟合。理论上来说，只要能够获取该时刻精确的大气折射率分布，就可以利用式(7.1)求解出所有 PS 点上的大气延迟相位。而在实践中，获取精确的大气折射率是非常困难的，可以利用以下几种方法来代替。

7.2 气象参数改正法

利用一系列气象参数对大气影响进行校正的思想最早由 Luzi 提出，后来在第十三届国际大地测量与地球物理协会的大会上，通过投票决定大气折射率 n 采用艾森-弗鲁姆公式来计算，即：

$$(n - 1) \times 10^6 = \frac{103.49}{T}(P - e) + \frac{86.26}{T}\left(1 + \frac{5748}{T}\right)e \tag{7.6}$$

式中，T 为大气绝对温度，$T = t + 273.16℃$，t 为大气干温；P 为大气压强；e 为大气水汽压强。

根据艾森-弗鲁姆公式推导出 Φ_{atm}，即：

$$\Phi_{atm} = \frac{4\pi}{\lambda}\left(7.76 \times 10^{-5}\int_0^R \frac{P}{T}dr + 3.73 \times 10^{-1}\int_0^R \frac{e}{T^2}dr\right) \tag{7.7}$$

式中，大气水汽压 e 可以用式(7.8)表示，大气饱和水汽压 E 可以用式(7.9)表示，h 为大气湿度。

$$e = \frac{hE}{100} \tag{7.8}$$

$$E = 6.107 \cdot \exp\left(\frac{17.27 \times (T - 273)}{T - 35.86}\right) \tag{7.9}$$

根据以上公式可知，通过气象参数校正法得到大气因素引起的相位值 Φ_{atm}，需要按照一定规律，等间隔采集观测现场不同时刻的大气湿度、大气干温、大气压强等气象信息。

2015 年 5 月 15 日相关人员在武汉大学测绘学院的楼顶进行 IBIS-L 的环境监测实验，观测目标区域内主要为稳定的建筑，GBSAR 观测主要参数见表 7.1，观测时间由上午 11：58 至下午 17：31，获取 56 景连续观测影像。完整的观测区域覆盖实地面积为 0.9×0.8 平方千米，考虑到数据处理效率，选取其中 400×300 平方米大小的区域进行大气改正。对该组影像分别采用气象参数法、固定点法以及二次曲面拟合法进行大气改正，以对比三者的改正精度。在连续观测数据中，选择起始采样时刻 11：58 的数据作为主影像，采样时刻 16：12 的数据作为辅影像，两影像的时间基线约为 4h。

表 7.1　　　　　　　　　　　　　　IBIS 设备参数设置

参　　数	数　　值
距离分辨率(m)	0.51
方位向角分辨率(rad)	4.4
带宽	300MHz
导轨长度	2m
采样间隔	5min
监测最大距离(m)	100
极化方式	VV
雷达倾角(°)	15

由于精确的气象参数较难以获取，因此气象数据从当日的气象资料中得到。实验当日的气象参数在表 7.2 中列出，利用式(7.3)~式(7.5)能够计算出采样时刻的折射率 n。然后将折射率代入式(7.2)中，即可求解出大气相位。折射率差 Δn 约为 0.353×10^{-5}。经过公式计算，由实验区域最大斜距 400m 可得出，最大的大气相位改正仅为 1.028rad。由图 7-3 可知，该监测时段干涉相位中大气的相位成分随距离增大有递增趋势，大气扰动最大的相位值可达 4rad。按照气象参数改正进行大气校正的视线向最大改正值仅为 1.44mm，而对于本实验中由大气所造成的视线向路径误差接近 5.6mm，因此这种改正效果无法满足 GBSAR 高精度变形监测的要求，从而可知利用气象参数进行大气改正的效果非常有限。

从根本上说，气象观测数据一般都是某地区的平均值，而改正大气相位在地基数据中的误差需要气象参数精确的二维分布，因此，无法达到理想效果是可以预知的。而且折射率需要公式进行反演，也有可能带来公式反演的误差。总之，利用大气参数改正法对

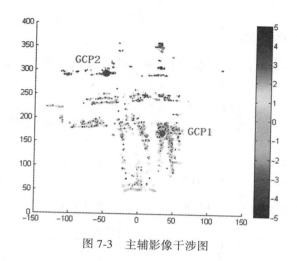

图 7-3　主辅影像干涉图

GBSAR 的大气相位进行抑制的效果非常有限，难以满足实践中对形变区域监测精度的要求。

表 7.2   气象观测数据

参数	采样时刻 11:58	采样时刻 16:12
温度 T	25.6°	24.3°
湿度 H	77	75
气压 P	1019.8hPa	1014.6 hPa
折射率 n	1.01450545	1.01450898

7.3　固　定　点　法

由于大气环境在时间和空间上的不均匀性，使得大气扰动的影响较为复杂。尤其是当测区范围大、观测环境不稳定时，大气影响将更为复杂。当研究区域范围较小、观测环境较稳定时，可假设大气环境影响均匀，固定点法以此假设为前提，在测区内选择稳定点作为 GCP，对大气干扰量进行反演，利用差分原理改正测区内其他监测点的大气干扰量。

固定点法利用无形变的稳定地面控制点获取大气延迟量，建立雷达视线向大气延迟与观测距离的关系，推算其他像元雷达视线向的大气延迟并予以消除。固定点法的精度主要取决于大气的一致性以及固定控制点的位置和分布。

假设 $\varphi_{\text{atm}}(r, t)$ 为大气扰动相位，大气扰动值用函数 $h(r, t)$ 表示，该函数的自变量为视线方向距离 r 和观测时间 t，可将目标点的干涉相位表示为：

$$\varphi_{\text{atm}}(r, t) = \varphi_{\text{dis}}(r, t) + \varphi_{\text{atm}}(r, t) = \varphi_{\text{dis}}(r, t) + K \cdot h(r, t) \cdot r \qquad (7.10)$$

式中，$\varphi_{\text{dis}}(r, t)$ 为变形相位的观测值；K 为待确定常数；$r = |r|$。

7.3.1　一阶改正模型

大气扰动值函数可近似认为是仅与时间有关的常数 h，那么，监测目标点的干涉相位函数简化为：

$$\varphi(r,\ t) = \varphi_{\text{dis}}(r,\ t) + K \cdot h \cdot r \tag{7.11}$$

选取的 GCP 位于稳定区域，变形相位为零，其视线方向距离为 r_0。由该 GCP 的差分相位 $\varphi_0 = (r_0,\ t)$ 计算出

$$K \cdot h = \frac{\varphi_0(r_0,\ t)}{r_0} \tag{7.12}$$

将式(7.12)代入式(7.11)，可得到任何目标点改正后的差分相位的计算公式，即：

$$\varphi_{\text{corr}}(r,\ t) = \varphi(r,\ t) - \left[\frac{\varphi_0(r_0,\ t)}{r_0} \right] \cdot r \tag{7.13}$$

式中，$\varphi_{\text{corr}}(r,\ t)$ 为目标点改正后的差分相位，可由此计算得到距离值。
一阶改正模型适用于气象条件变化不大的较小区域。

7.3.2　二阶改正模型

大气扰动函数可表示成距离的函数：

$$h(r,\ t) = A(t) + B(t) \cdot r \tag{7.14}$$

式中，$A(t)$ 和 $B(t)$ 为与时间相关的常数。目标点的干涉相位可表示为：

$$\varphi(r,\ t) = \varphi_{\text{dis}}(r,\ t) + K \cdot [A(t) + B(t) \cdot r] \cdot r = \varphi_{\text{dis}}(r,\ t) + a \cdot r + b \cdot r^2 \tag{7.15}$$

式中，a 和 b 为随时间变化的系数。
通过两个已知的固定点 R_1 和 R_2 的差分相位可求得 a 和 b 的估值：

$$\varphi_1(R_1) = a \cdot r(R_1) + b \cdot r^2(R_2) \tag{7.16}$$

$$\varphi_2(R_2) = a \cdot r(R_1) + b \cdot r^2(R_2) \tag{7.17}$$

利用估值 $\hat{a}$ 和 $\hat{b}$ 改正其他任意目标点的差分相位：

$$\varphi_{\text{corr}}(r,\ t) = \varphi(r,\ t) - \hat{a} \cdot r - \hat{b} \cdot r^2 \tag{7.18}$$

最后，可由改正后的差分相位计算目标的位移值：

$$\Delta r = \frac{c \cdot \varphi_{\text{corr}}(r,\ t)}{4\pi f} \tag{7.19}$$

二阶改正模型可用于气象条件变化明显的较大区域。

选取主辅影像后，对它们进行干涉处理，获取干涉图如图 7-3 所示。根据信噪比或相干性等阈值提取了固定点 GCP1 和 GCP2，为达到较理想的改正结果，特别选取近雷达端固定点为 GCP1，远雷达端固定点为 GCP2，固定点相关参数可参见表 7.3。固定点改正法的核心思想是利用式(7.2)提取固定点上的折射率 n，利用其与斜距间的线性关系来改正整幅干涉相位。从表 7.3 中计算的两点折射率可以看出，两固定点折射率不完全一致，因此在多点固定点进行改正的时候，常取折射率差均值 $\Delta \bar{n}$ 进行改正。

通过将所有 PS 点根据折射率 $\bar{n}$ 来解算大气相位进行改正后，所得到的结果如图 7-4 所示。可以看出，由于固定点法仅利用空间上极少量的点来替代大气相位，无法顾及大气相位曲面分布特性，因此容易出现对于临近控制点区域大气改正效果好，但是远离控制点区域比较差。并且由于固定点法缺少选取的标准，随机性较大，容易将自身的相位误差引入计算过程中，改正结果缺乏稳定性。从图 7-5 的改正相位直方图中可以看出，由于对提取 PS 点内没有进一步的处理机制，往往会出现较大的偏差。虽然大部分相位改正在 ±1rad 区间内，但也有部分改正出现在 -6rad 左右。因此可知，固定点法大气改正难以进行大气相位高精度的去除，受选点和无 PS 点检核条件等的限制，对局部区域有明显效果，但对于大范围的监测来说，易出现较大的改正偏差。

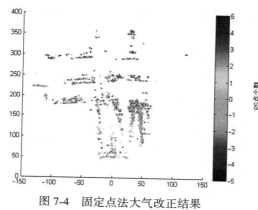

图 7-4　固定点法大气改正结果　　　　图 7-5　固定点法改正结果相位直方图

表 7.3　　　　　　　　　　　　　固定点相关参数

点号	X 坐标	Y 坐标	SNR(dB)	与雷达中心距离(m)	相位(rad)	折射率差 ($\times 10^{-5}$)
GCP1	40.56	161.48	33	166.49	1.4430	1.2516
GCP2	-41.92	294.53	52	297.50	2.4457	1.1630

7.4　二次曲面拟合法

7.4.1　基本原理

由大气相位的分布规律可以得知，大气相位的改正不是简单的线性关系，而是一个多元线性拟合问题。影响大气相位分布的折射率是二维分布的，且在空间上具有一定的相关性，因此，可以通过曲面拟合方法来重建采样时刻的大气相位屏。

GBSAR 进行长时间连续监测时，干涉相位中大气误差容易累积从而影响监测精度，不利于长期监测。在充分顾及大气相位二维分布规律的基础上，提出大气相位屏提取方法来改正主辅影像间的大气误差。在估算出稳定区 PS 点的大气相位值后，经插值得到的整个监测区域大气相位分布的过程，称为大气相位屏提取。具体的处理步骤如下（参见图 7-6）：

（1）地基 SAR 数据采集。对于监测区域，选择合适的雷达视角及相关参数进行连续观测。选取具有一定时间间隔的两影像为主辅影像，得到它们的单视复数影像阵分别为 M 和 S，对应的相位阵则分别为 Φ_M 和 Φ_S。

（2）幅值定标。由于 PS 点的提取需要基于幅度的统计特性，因此要将时序影像进行幅值定标。将时序 SAR 数据的幅值统一在一个尺度下，能够提高 PS 点的提取精度。

（3）PS 点提取。PS 点提取方法是基于数学统计特性的，因此，连续观测的影像最好不要少于 30 景。利用振幅离散指数与相干性双阈值进行 PS 点的提取，阈值的选择要依据 PS 点提取的密度与分布情况适当进行调整。

（4）干涉处理。对主辅两影像进行差分干涉处理，得到干涉相位阵 $\Delta\Phi = \Phi_S - \Phi_M$。利用 PS 点对应的点位信息，建立 PS 点干涉相位集 $\Delta\Phi_{PS}$。由于此时的干涉相位是缠绕相位，其范围在 $(-\pi，\pi]$ 内，不是真实的形变相位，因此需要进行解缠。

（5）空间二维解缠。选择合理的解缠起算点后，利用质量图引导法对离散的 PS 点进行空间二维解缠，获取准确的缠绕模糊度，得到真实的干涉相位信息。由于这里仅对一组干涉对提取大气相位，因此无须进行三维解缠处理。

（6）选定稳定区。由于只有监测区域内稳定区的相位形变才是大气相位造成的，如果将非稳定区加入曲面拟合过程，则会严重影响反演大气相位的精度。因此，在进行大气改正前，依据先验知识选定稳定区，避免非稳定区的 PS 点进入大气拟合过程。

（7）构建 Delaunay 三角网。依据先验信息得到的稳定区域，无法保证所有区域内的点仅受大气影响，因此需要进行逐个的筛选和甄别。可以通过构建 Delaunay 三角网，利用边长阈值去除狭长三角形后计算邻接顶点的干涉相位差 $\Delta\varphi''$。由于大气相位在空间具有相关性，因此可以利用 $\Delta\varphi'' < 1.5\mathrm{rad}$ 来判断三角网内是否有"奇异点"，当大于某设定阈值则视为"奇异点"，用三角形内其他顶点的干涉相位均值代替此点相位值。

（8）二次曲面拟合提取大气相位屏。对于稳定区大气相位的二维分布则可利用式（7.20）来拟合：

$$\Delta\varphi(i，j) = \beta_{00} + \sum_{k=0}^{l} \beta_{k，(l-k)} \cdot (i - i_0)^k \cdot (j - j_0)^{l-k} \tag{7.20}$$

式中，$(i，j)$ 表示 PS 点的像元坐标值，β 为多项式的系数，也是待求解的参数，$(i_0，j_0)$ 表示曲面拟合坐标系的指定原点。由地基干涉模型公式可知，此时稳定区 PS 点集的干涉相位，主要含有大气成分和少量噪声，且大气成分占主要部分。可将 PS 点干涉相位作为观测值 $\Delta\varphi$ 代入式（7.20）中，利用最小二乘拟合得到多项式系数初始估值 $\tilde{\beta}$。根据计算得到的残差评估该点得到的大气相位精度，如果残差大于 0.36rad（该大小对应的视线距离约为 0.5mm），则去除该点后重新进行最小二乘拟合。由于具有 Delaunay 三角网边网稳定性检核，迭代次数一般不超过 3 次即可得到满意的拟合精度。

（9）基于 Kriging 插值得到大气相位屏。利用稳定区 PS 点的大气相位，通过 Kriging 插值法估计出对应于每一景雷达图像中每一个像元的大气相位，即大气相位屏（APS）。插值公式为：

$$APS(s_0) = \sum_{i=1}^{M} \lambda_i APS(s_i) \qquad \sum_{i=1}^{M} \lambda_i = 1 \qquad (7.21)$$

式中，$APS(s_i)$ 为第 i 个 PS 点的大气相位，s_0 为未知像点位置，s_i 为已知像点位置，M 为估算大气相位值所需的 PS 点个数，λ_i 为距离反比加权函数，表达式为 $\lambda_i = \dfrac{d_i}{\sum_{i=1}^{M} d_i}$，式中 d_i 为待估像点与 PS 点的距离值。最后利用 APS 去除干涉相位 $\Delta\Phi$ 内所有的大气相位成分。

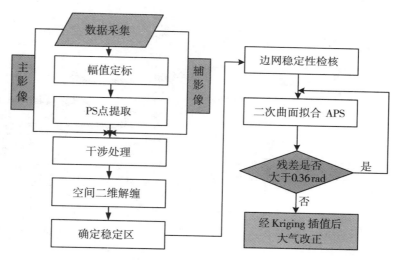

图 7-6　GBSAR 大气相位改正流程图

7.4.2　实例分析

为验证二次曲面大气相位改正法的效果，以某稳定的城市建筑区为监测区域，进行监测分析。从图 7-7 可见，建筑物在雷达波束照射下具有较强的反射信号，大部分监测区域的信噪比在 35dB 以上，实验根据数据相干情况且顾及 PS 点的分布，设定相干阈值 $\hat{\gamma} > 0.9$ 和振幅离差指数 $\overline{D}_A < 0.2$，从连续监测影像中提取了 3938 个 PS 点（见图 7-8）。图 7-9 显示了提取的 PS 点在极坐标下的分布，可见提取的点位分布比较均匀且密度适中。构建 Delaunay 三角网以检核边网稳定性，共生成了 7859 个三角形，但是其中有较大边长组成的狭长三角形。数据处理中设定边长阈值为 20m，将大于此阈值的三角形从三角网中去除，小于此值则保留。经计算，一共剔除了 248 个含有大于 20m 边长的三角形，最终得

到的检核三角网如图 7-10 所示。

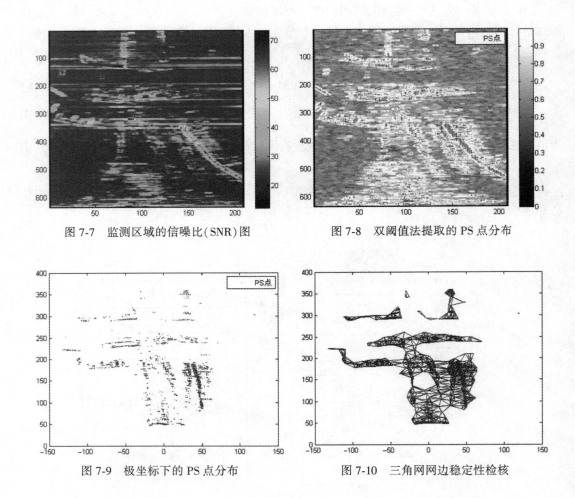

图 7-7　监测区域的信噪比(SNR)图　　　图 7-8　双阈值法提取的 PS 点分布

图 7-9　极坐标下的 PS 点分布　　　图 7-10　三角网网边稳定性检核

　　对剔除"奇异点"后的 PS 点进行空间解缠,得到解缠相位结果如图 7-11 所示。由于观测的时间基线长达 4h,空气中的温度湿度具有一定的变化,因此,解缠后的形变相位主要是大气成分。利用上节提出的二次曲面拟合公式,通过最小二乘迭代求解多项式系数,再经 Kriging 可以得到每个像元上的大气相位进而得到整幅影像的大气相位屏(APS)(见图 7-12)。图 7-13 描述了所有 PS 点经过大气改正的结果,可以看出相位结果准确地体现了监测区域建筑物自身的稳定性。为更加直观地分析大气改正的精度,将经过大气改正的所有 PS 点的相位进行直方图统计(见图 7-14),可以看出改正后的形变相位主要在±0.5rad 区间内,该相位值对应的视线向形变仅为 0.7mm,证明基于二次曲面拟合的大气相位屏提取方法是可靠的,GBSAR 观测数据中的大气扰动误差得到了有效的改正,最终取得了较为满意的监测结果。

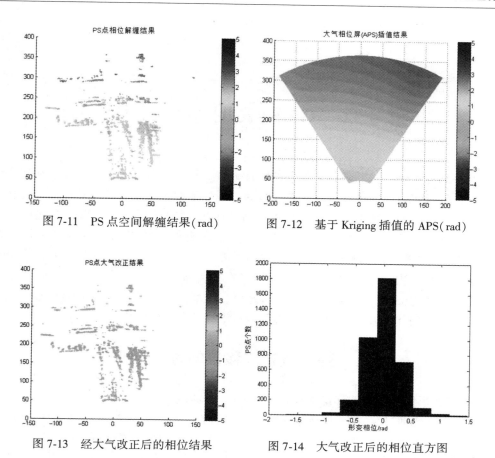

图 7-11 PS 点空间解缠结果(rad)

图 7-12 基于 Kriging 插值的 APS(rad)

图 7-13 经大气改正后的相位结果

图 7-14 大气改正后的相位直方图

第 8 章　GBSAR 时序分析方法

时间序列分析是一种动态数据处理的统计方法。该方法基于随机过程理论和数理统计学方法，研究随机数据序列所遵从的统计规律，以用于解决实际问题。多年的研究和大量的应用实践表明，基于离散稳定点目标的星载 InSAR 时序分析技术可以较好地解决影像序列中的时间去相干和大气去相干问题，提高了形变估计结果的精度和可靠性。但是 GBSAR 设备与星载 SAR 传感器无论是在雷达影像成像的算法和空间几何关系、系统工作模式还是在获取的雷达影像本身特征方面均存在较大差异，因此，星载 InSAR 技术实际上不能直接用于 GBSAR 影像序列的分析和处理。本章主要介绍基于像素偏移量、点目标偏移量、永久散射体以及平均子影像集等 GBSAR 的时序分析方法。

8.1　基于像素偏移量的时序分析

基于 SAR 影像的像素偏移量估计技术（Offset Tracking）算法最早由 Michel 等于 1999 年提出，并以实例证明了该方法探测地表形变的可行性。该方法应用 SAR 影像配准原理提取地表二维形变引起的像素偏移，其过程与常规 InSAR 影像的配准具有密切的相关性。主要通过估计覆盖相同区域的两幅 SAR 影像配准的精确偏移量，同时剔除轨道整体偏移量和地形影响，根据 SAR 影像分辨率与成像几何获得地表二维形变量。

偏移像素的提取通常可由两种方法实现：强度追踪法和相干性追踪法，诸多研究中均基于强度追踪法获取像素偏移量。获取的像素偏移量主要由三部分组成：地表形变所引起的像素偏移量 $\text{offset}_{\text{defo}}$、轨道偏移量 $\text{offset}_{\text{orb}}$（卫星两次飞行的轨道不重合，其成像时卫星姿态也有差异，从而导致整体的像素偏移）以及受地形起伏引起的像素偏移量 $\text{offset}_{\text{dem}}$。值得说明的是，通常地形起伏会引起方位向偏移量误差，而对距离向的影响较小。因此，针对方位向只需对总偏移量减去轨道偏移，而在距离向中需加入地形起伏影响模型，见式（8.1）。

$$\text{offset}_{\text{total}} = \text{offset}_{\text{defo}} + \text{offset}_{\text{orb}} + \text{offset}_{\text{dem}} \tag{8.1}$$

式中，$\text{offset}_{\text{total}}$ 为主、从影像中同名点的偏移总量，$\text{offset}_{\text{orb}}$ 为轨道偏移量，$\text{offset}_{\text{dem}}$ 为地形引起的偏移量。为了获取精确可靠的同名点偏移量，推算出由于地表形变引起的像素偏移量，需要对主、从影像进行精确的配准以避免配准误差的传递，影响地表形变信息提取精度。

由于 SAR 成像斑点噪声的特点，人工识别同名点较难，通常利用卫星轨道参数法从两幅 SAR 影像中提取少量同名点，并计算偏移量，为精配准提供初始偏移量。以获取的粗配准偏移量为初始值进行像素级的精配准，通常是在主、从影像上采用一定大小的窗口进行滑动，通过计算相干性的方法探测同名点的精确偏移量。如图 8-1 所示。

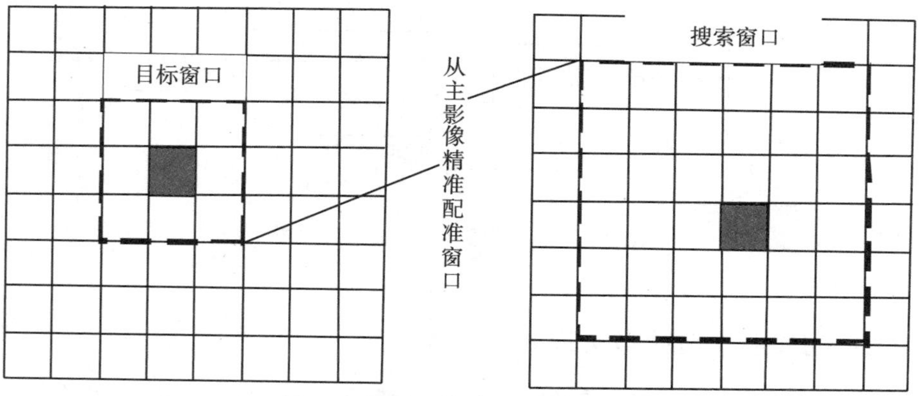

图 8-1　精配准偏移量配准示意图

获取像元级的精配准后，其配准精度仍未达到需求，所以，需要进行亚像元级配准。亚像元配准即需要对像素进行过采样，为了满足精度要求，插值间隔需小于 1/10 个像元，即过采样系数大于等于 8。已有研究表明，当过采样系数大于 16 后，过采样系数对配准精度的影响较小。在获取亚像元的配准偏移量后，即获得式(8.1)中总体偏移量 $\text{offset}_{\text{total}}$。

若要获取地表形变引起的像素偏移量，则需剔除整体轨道偏移量及距离向地形起伏的影响，因此，可用多项式拟合的方式估计并剔除两种噪声分量的影响，估计多项式如式(8.2)所示：

$$\begin{cases} f(r,\ c)^{\text{方位向}} = a_1 + a_2 r + a_3 c + a_4 rc + a_5 r^2 + a_6 c^2 \\ f(r,\ c)^{\text{距离向}} = a_{11} + a_{12} r + a_{13} c + a_{14} rc + a_{15} r^2 + a_{16} c^2 + a_{17} \Delta h + a_{18} \Delta h^2 \end{cases} \tag{8.2}$$

8.1.1　重采样后影像的像素偏移估计

如上所述，诸多研究利用强度相关法估计总的配准偏移量，根据若干高相干，即轨道偏移量估计较精准的同名点，利用最小二乘方法拟合出整景影像的轨道偏移量；最后从总的偏移量剔除轨道偏移量即可获取形变引起的偏移估计量。对于此类方法流程较为复杂，需要通过部分已知点的轨道数据剔除整体轨道偏移量。在缺少已知数据的情况下，该偏移量提取流程的精度将会大幅度降低。针对此问题，有学者提出新的 SAR 影像偏移量估计流程，即基于重采样后 SAR 影像估计形变偏移量，并通过实例及参数反演论证了这种流程的有效性。

该方法利用无形变区域的同名点进行配准，多项式的估计如式(8.3)。

$$\text{offset}_{\text{total}} = a + b \times \text{offset}_{\text{range}} + c \times \text{offset}_{\text{azimuth}} + d \times \text{offset}_{\text{range}} \times \text{offset}_{\text{azimuth}} \tag{8.3}$$

根据拟合的结果，剔除其中误差较大的同名点并再次参与多项式拟合。如此反复运算，可得到精化后的配准多项式。对从影像进行重采样后，再进行精确的偏移量估计得到地表形变信息量。具体流程如图 8-2 所示：

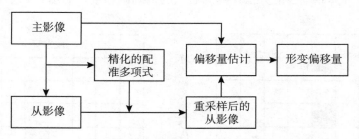

图 8-2　优化偏移量追踪技术流程图

8.1.2　地表水平向的形变恢复

通过 SAR 影像强度信息获取精确的形变偏移量后，需反算出地表形变量。根据 SAR 影像分辨率可知地表形变可由式(8.4)转换。其中，R 为 SAR 影像分辨率，offset 为像素偏移估计量，defo 为地表形变量。

$$\text{defo} = \text{offset} \times R \tag{8.4}$$

对于地距向形变来说，由于 SAR 影像地距向分辨率较低，因此，像素偏移估计方法所探测的地距向形变精度较低。然而，在形变梯度过大而导致 InSAR 干涉技术解缠错误或干涉完全失相干时，且大梯度形变垂直于卫星观测方向存在时(如火山运动、地震断层导致的形变)，该类形变可清晰地反映在地距向上。具体原理如图 8-3 所示。

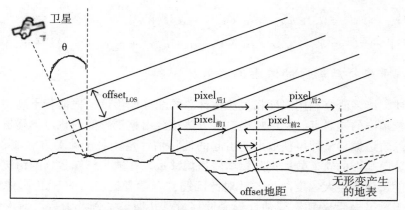

图 8-3　像素偏移量距离向形变与地距向形变转化原理图

8.2　基于永久散射体的时序分析

目前，对于 GBSAR 影像序列变形分析，国外学者已经开始研究将星载 SAR 干涉测量时序分析技术应用于 GBSAR 中，例如永久散射体干涉测量(Permanent Scatterer InSAR，

PSInSAR)技术。一方面希望通过对离散稳定点目标干涉相位的时序分析对地表监测区域进行气象改正,提高计算与分析成果的可靠性;另一方面进行长时间周期的变形估计,提高该技术的可靠性并扩大其应用范围。目前基于星载 SAR 影像序列的 InSAR 时序分析技术在大区域地表形变监测中得到了较为广泛的应用,其中永久散射体或相干点目标的选取方法、时空相位解缠技术、多源气象改正技术等日趋成熟。但是 GBSAR 设备与星载 SAR 传感器无论是在雷达影像成像的算法和空间几何关系、系统工作模式还是在获取的雷达影像本身特征方面均存在较大差异,因此,星载 InSAR 技术实际上不能直接用于 GBSAR 影像序列的分析和处理。

8.2.1 GBSAR 连续影像序列的干涉分析

意大利佛罗伦萨大学与 IDS 公司联合开发的 IBIS-L 系统,在实际监测应用中为最大限度地避免影像因长时间跨度所产生的相位缠绕问题,采用了邻域相位干涉的方法计算形变值。欧洲联合研究中心(JRC)的 LISA 系统采用了同样的方法。瑞士 GAMMA 公司研制的 GPRI 系统在此基础上应用邻域干涉相位滑动平均方法,以削弱噪声和气象变化的影响。以上两种干涉计算方法实际上只适用于 GBSAR 的连续监测模式,即影像采样时间间隔较短的连续快速成像方式。在时间上对快速连续监测模式的相位序列进行一维相位解缠,一般都能够得到较好的结果。但实际监测环境和条件往往使设备难以顺利运行。一方面突发的雨雪等恶劣天气条件使得 GBSAR 监测环境变化异常,直接影响到信号本身的稳定性和精度,致使部分时段的影像数据无法参与干涉计算。另一方面雷达设备可能会因故障等原因中断运行,在重启运行后前后两景影像的相位无法直接进行联系,可能发生空间上的相位缠绕,在对小范围变形分析时也可能产生整体性的相位整周缺失,从而使邻域干涉计算结果异常。另外,受气象扰动和噪声的综合影响,个别监测点的不稳定跳变会直接影响其邻域的干涉计算值,这种错误的结果在后续的计算中会不断地累积。

相位缠绕本身是三维时空问题,包括在时间序列上的一维相位缠绕和在空间域上的二维相位缠绕。对于 GBSAR 影像序列,在基于离散点目标进行分析时,如果不考虑空间点位之间的关联性,只进行点目标干涉相位独立的时序分析,那么由设备故障、低质量影像等原因造成的相位整周缺失实际上就是时间域的相位缠绕问题。现阶段部分投入监测应用的 GBSAR 系统为提高设备监测的实时性和应急能力,一般均采用连续监测模式,仅考虑对连续快速采样的影像序列进行分析。这种方式在设备终止运行一段时间后,前后的相位数据根本无法联系起来,只能采用新的初始影像作为影像序列干涉计算的首影像。如果某些时间采样点因外界干扰或噪声产生随机跳变,那么形变提取的结果往往是杂乱、不符合实际变形体变形规律的。由于气象扰动的存在,在设备因故障中断前后两景影像的干涉图中包含了中断时段整体的气象变化成分,严重时甚至整体偏移多个相位周期,因此对该干涉图进行相位解缠一般难以得到正确的结果。所以,中断前后影像相位的联系需要结合影像集中 PS 网边的干涉相位序列以及各干涉图中 PS 网的关联性进行分析。

8.2.2 GBSAR PS 点的相位差分模型

无论是星载 InSAR 还是 GBSAR 系统的时序分析技术,变形值的求解均基于干涉相位模型进行。星载 PSInSAR 技术干涉相位的基本组成与星载 DInSAR 技术一致，观测相位主值中包括平地效应相位、地形相位、形变相位、大气扰动相位和噪声相位等，如式(8.5)所示。

$$\varphi_{\text{int}} = \varphi_{\text{flat}} + \varphi_{\text{topo}} + \varphi_{\text{def}} + \varphi_{\text{atm}} + \varphi_{\text{noi}} \tag{8.5}$$

式中，φ_{flat} 是平地效应，由所选参考椭球面形成；φ_{topo} 是地形相位，由地表相对于参考椭球面的起伏变化所产生；φ_{def} 是雷达视线向上的形变相位，是我们所专注的主要目标；φ_{atm} 是干涉的主辅影像气象差异引起的相位；φ_{noi} 是噪声相位，包括系统成像的噪声和其他高频成分。

根据 InSAR 技术成像的空间几何关系，φ_{flat}、φ_{topo} 和 φ_{def} 可以用下式表示。

$$\varphi_{\text{flat}} = -\frac{4\pi B_{\perp}}{\lambda R \tan\theta} \Delta R \tag{8.6}$$

$$\varphi_{\text{topo}} = -\frac{4\pi B_{\perp}}{\lambda R \tan\theta} h \tag{8.7}$$

$$\varphi_{\text{def}} = -\frac{4\pi}{\lambda} \cdot \delta r \tag{8.8}$$

式中，$B_{\perp}$ 为垂直基线，ΔR 为相邻像元的斜距之差，λ 为雷达天线发射信号的波长，R 为雷达中心到地面目标的斜距，θ 为雷达波束入射角，h 是地面高程，δr 为目标在雷达视线向上的形变量。

对 GBSAR 系统而言，情况要相对简单许多。最为重要的是 GBSAR 变形监测模式下没有空间基线，也就不存在平地效应和地形效应。因此，GBSAR 的干涉相位模型变为下式：

$$\varphi_{\text{int}} = \varphi_{\text{def}} + \varphi_{\text{atm}} + \varphi_{\text{noi}} \tag{8.9}$$

相应地，差分干涉模型变为

$$\varphi_{\text{dif}} = -\frac{4\pi}{\lambda} \cdot \delta r + \varphi_{\text{atm}} + \varphi_{\text{noi}} \tag{8.10}$$

比较式(8.9)和式(8.10)可知，正因为空间基线为零，GBSAR 中影像的干涉模型和差分干涉相位模型实际上是一致的。GBSAR 的干涉相位模型可以写为：

$$\varphi_{\text{dif}} = k_1 v T + \varphi_{\text{res}}$$

$$k_1 = -\frac{4\pi}{\lambda} \cdot \varphi_{\text{res}} = \varphi_{\text{atm}} + \varphi_{\text{noi}} \tag{8.11}$$

如果 GBSAR 监测视场场区地表的变形为线性变形，则其干涉相位模型是一个简单的一维线性相位模型，并且其残余相位只包括气象扰动相位和噪声相位。在星载 PSInSAR 中，形变相位无论是在空间上还是在时间上都具有相关性；大气扰动相位在空间上具有相关性，而在时间上由于影像采集时间跨度较大认为不具有相关性；噪声相位在空间和时间上均表现出随机性、高频特征，不具有相关性。GBSAR 的形变相位与星载 PSInSAR 技术一致，而气象成分有所不同。GBSAR 连续监测模式下的气象相位不仅在空间上具有相关性，由于采用了连续监测模式，影像获取的时间间隔一般较短，因而在时间上也具有一定的相关性。实际上目标变形不会是理想的线性变形，往往还存在非线性变形。对于地表本身或地物结构(例如地表岩体、坝体结构),一方面可能存在长时间的趋势性非线性变形,另一方面也会存在随昼夜温度变化的周日非线性变形。GBSAR 干涉相位成分公式的一般形式可以写为:

$$\varphi_{dif} = -\frac{4\pi}{\lambda}d_t + \varphi_{atm} + \varphi_{noi} = -\frac{4\pi}{\lambda}vT + \varphi_{nonlinear} + \varphi_{atm} + \varphi_{noi} \qquad (8.12)$$

式中, d_t 为 t 时刻的累积形变量, $\varphi_{nonlinear}$ 为非线性形变分量。

在地表有限区域的变形监测中,相邻的 PS 点,其相对形变的长周期非线性成分一般较小,可假设为线性形变模型,建立 PS 点的邻域差分相位模型。假设两个邻近 PS 点 (x_m, y_m) 和 (x_n, y_n),在分别与主影像对应点干涉的基础上,再进行干涉计算,其差分相位如下:

$$
\begin{aligned}
\delta\varphi_{dif}(x_m, y_m, x_n, y_n, T_i) = &-\frac{4\pi}{\lambda} \cdot [v(x_m, y_m) - v(x_n, y_n)] \cdot T_i \\
&+ [\varphi_{nonlinear}(x_m, y_m) - \varphi_{nonlinear}(x_n, y_n)] \\
&+ [\varphi_{atm}(x_m, y_m) - \varphi_{atm}(x_n, y_n)] \\
&+ [\varphi_{noi}(x_m, y_m) - \varphi_{noi}(x_n, y_n)]
\end{aligned}
\qquad (8.13)
$$

式中, (x_m, y_m) 和 (x_n, y_n) 为两个邻近 PS 点的影像坐标。

长周期变形信号包括长周期线性形变和长周期非线性形变,属于低频信号。对于 GBSAR 高频连续监测影像中邻近的 PS 点对,长周期非线性形变一般较小。而周日性变化的气象扰动以及其他噪声干扰都可以看作高频信号,这样 GBSAR PS 点对的差分相位就演变为线性相位模型。

$$\delta\varphi_{dif}(x_m, y_m, x_n, y_n, T_i) = \frac{4\pi}{\lambda_i}\Delta v(x_m, y_m, x_n, y_n)T \qquad (8.14)$$

8.2.3 GBSAR PS 点的识别方法

如何从时序 SAR 影像中自动识别有效的 PS 点是 PSInSAR 时序分析技术的关键步骤之一。基于离散 PS 点目标的相位建模和干涉分析,能够从干涉相位中分离和提取各成分的相位值并最终获取形变信息,从而间接地解决大气失相关和时间、空间失相关的问题。星载 InSAR 时序分析技术中,PS 点具有强后向散射和稳定性两个主要特点,即具有相对较强的后向散射信号并且是在时间上具有一定稳定性(包括信号强度和相位观测值)的点目标。而在 GBSAR 的影响序列中,所有像元点的信号强度和相位值都受到气象扰动的影响,难以直接评价各点的相位稳定性,因此在 GBSAR 影像序列的时序分析中,将此类点称为高相干点目标更为合适。星载 InSAR 时序分析技术稳定点目标的选取,应用较为广泛的有以下三种基本方法:相关系数阈值法、相位离差阈值法、振幅离差阈值法。另外还有 GBSAR PS 点选取的综合阈值方法。下面分别进行分析和阐述。

1. 相关系数阈值法

理论上来说,由 SAR 影像对计算的干涉相位噪声高低可以通过各像元相关水平进行衡量。实际计算中,各像元利用包围该像元一定窗口大小的像元进行估计。对于可用的 N 个干涉图序列,按照同样大小的窗口进行计算,可以得到各像元的相关系数序列: γ_1,

γ_2，…，γ_N。为提取 PS 候选点，首先逐像元点计算该相关系数值，再计算其平均值 γ_{ave}，并设置一定的阈值 γ_{thr}，提取平均相关系数大于该阈值的像元作为 PS 候选点。该方法思路简单、计算方便，但也存在一些明显的问题：首先，相关系数是通过在空间上移动的固定大小的窗口计算而来，窗口的选择直接影响相关系数的估计结果。窗口选择越大，计算的结果越可靠，但降低了空间分辨率，靠近 PS 点较近的非可靠点目标也可能被提取出来；窗口选择越小，相关系数计算结果可靠性越低，利用该方法提取 PS 点的有效性也就难以保证。如果采用相关系数单阈值方法提取 PS 预选点，必须兼顾窗口大小和 PS 提取有效性的相互关系。其次，相关系数阈值的设定也是一个需要考究的问题，阈值设置得过于苛刻，受少量噪声影响的 PS 点可能就直接被剔除掉，降低了 PS 网络的关联性；而阈值设置较为宽松时，误差较大的点可能被判定为 PS 点，降低了形变估计结果的可靠性。

仅仅依靠相关系数阈值方法提取 PS 点的思路不是很可靠，在实际计算应用中通常需要结合其他手段综合分析。星载 InSAR 时序分析技术在剔除低质量影像时利用解缠结果的正确性，而我们通过对 GBSAR 大量影像集的分析避免了相位解缠过程。我们在研究中发现，对于 GBSAR 影像序列，数据质量可能受地表气象扰动影响较大。部分气象参数变换缓慢的时段影像质量相对较好，相关系数计算的数值较为稳定；而当地表气象参数变化显著的时段影像质量较差时，由于影像相位观测值掺杂了大量的气象扰动相位，实际计算的相关系数相比于平均值有较大跳变。低质量影像不仅对强度信号时间序列特性分析有影响，对最终利用干涉相位进行形变提取的步骤也有一定的影响。因此，在分析 GBSAR 的实测连续影像序列时，可采用相关系数计算的方法进行低质量影像剔除工作。

2. 相位离差阈值法

相位离差阈值法以地面目标在时间序列中的稳定性为出发点，通过对观测相位值时间序列信号的相位分析进行 PS 点的识别与提取。Ferretti(2000)指出 PS 后向散射在时间上的稳定性表现为回波相位在时间上具有一定的统计特性，可以通过分析观测相位离差来评价像元点散射的稳定程度。首先按照下式提取各像元的相位序列值 $\varphi_k(i,\ j)$（$k = 1,\ 2,\ \cdots,\ N$）：

$$\varphi_k(i,\ j) = \text{angle}(\text{SLC}_{i,\ j}^k)\ (i = 1,\ 2,\ \cdots,\ m;\ j = 1,\ 2,\ \cdots,\ n) \tag{8.15}$$

式中，SLC 是指用复数表示的雷达影像，i，j 分别是 SAR 影像的行列数。再用下式计算各像元的相位离差 $D_\varphi(i,\ j)$：

$$D_\varphi(i,\ j) = \frac{\text{std}[\varphi_k(i,\ j)]}{\text{mean}[\varphi_k(i,\ j)]} \tag{8.16}$$

再通过对相位离差的统计分析设定适当的阈值进行 PS 候选点的提取。

Hooper(2006)从相位稳定性分析出发，提出了基于干涉相位空间相关性分析进行 PS 探测及形变估计的算法。首先利用空间自适应滤波方法以一定窗口计算空间低通相位分量，再分析相位观测值与低通相位值的差值(即再次进行干涉计算的结果)，建立如下目标函数：

$$\gamma_x = \frac{1}{k}\ \Big|\ \sum_{i=1}^{k} \exp(\varphi_{\text{int},\ x,\ i} - \overline{\varphi}_{\text{int},\ x,\ i} - \Delta\varphi_{\text{par}}\ \Big| \tag{8.17}$$

式中，k 为干涉图总数；$\varphi_{\mathrm{int},x,i}$ 为第 i 幅干涉图像元 x 的相位观测主值；$\overline{\varphi}_{\mathrm{int},x,i}$ 为低通相位值；$\Delta\varphi_{\mathrm{par}}$ 为待估计的其他相位分量，在 Hooper 的方法中为空间非相关侧视角误差。该方法通过对 PS 点与非 PS 密度的分析确定 γ_x 的截止阈值来提取 PS 点。

基于观测相位的稳定性分析方法均直接利用未经气象改正的相位观测值。虽然通过设定固定窗口进行空间自适应滤波或相位平均能够提高方法计算结果的可靠性，但在气象扰动变化较为剧烈时仍然会受到一定的影响。同样利用观测相位值的方法还有 IDS 公司针对 GBSAR 系统 IBIS-L 改进的相位时序稳定系数阈值法，该方法同相位离差阈值法一致，在空间上未进行平均计算，因此计算结果直接受到气象扰动的影响，在影像质量较低的情况下可靠性受到极大限制。在实际影像序列的处理和分析中，仍需结合实际数据质量和气象扰动成分大小进行分析和选用。

3. 振幅离差阈值法

只有去除大气的影响，相位稳定性才能给出正确的评价，而振幅值对大气影响不敏感，所以振幅值在时间上表现稳定的点通常被选作 PS 点，振幅离差或振幅离散指数（Amplitude Dispersion Index，ADI）定义如下：

$$D_A = \frac{\sigma_A}{m_A} \tag{8.18}$$

式中，σ_A 和 m_A 分别是影像时序集像素点振幅值 A 的标准差和均值，通过给定 D_A 某一阈值进行 PS 候选点的选取。星载 InSAR 时序分析技术中一般设定 $D_A \leqslant 0.25$。

这种 PS 点的选取方法对于高信噪比（SNR>10）的分辨单元，振幅离散指数可以较为准确地反映相位标准差，在选择 PS 点时能够保持较高的正确性，比如说反射效果较好的金属目标、房屋棱角等。但是对于 SNR 较低的分辨单元，振幅离散指数和相位稳定性之间的一致性关系将变得不再有效。Noferini（2006）首次将星载 SAR 干涉测量技术中的 PS 方法引入地基 SAR 的数据处理，她在选取 PS 点时采用了振幅离差阈值法，并对 GBSAR 中 PS 点的基本特性做了初步的分析。

4. GBSAR PS 点选取的综合阈值方法

相关系数阈值法只考虑了 PS 点的强散射特性而忽略了其稳定性，而振幅离差阈值法和相位稳定性分析法等只考虑了 PS 点的稳定性而忽视了其强散射特性。目前，在研究基于离散稳定点目标的 InSAR 时序分析时，通常采用多种阈值方法综合的手段，以达到可靠性和提取更多 PS 点的目的。

在地面气象参数不断变化的条件下，GBSAR 的所谓稳定点目标只能在相对较短的时间内保持稳定，而在长时间序列下受周期波动变化的气象扰动影响较为严重。而且由于波束宽度和辐射几何视场的差异，不同于星载 SAR 影像，GBSAR 的影像中存在大量虚假信号。如图 8-4 所示，边缘蓝色部分区域实际上没有任何反射目标，但在原始影像数据中仍然形成了微弱的信号值。虚假信号的时序解缠相位序列同样具有一定的稳定性和较低的 ADI 数值。因此，GBSAR 的 PS 点选择需要有更大的灵活性，为此，设计了以下基本策略。

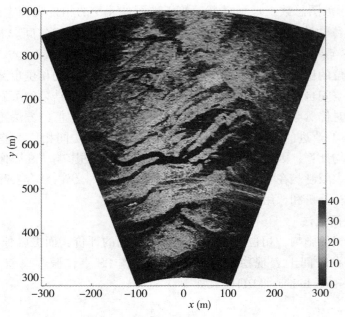

图 8-4　某高边坡 GBSAR TSNR 图

（1）平均 TSNR 和平均相关系数双阈值提取 PS 候选点。

GBSAR 的 TSNR 由信号强度数据直接计算得来。TSNR 图能够直观显示能量的相对强弱，强度图则反映了信号的真实强度信息。在显示影像时通常选用 TSNR 图，而在参与计算处理时一般利用原始强度信号。在分析之初，我们首先按照下式计算影像序列的 TSNR 平均值：

$$\mathrm{TSNR}_{\mathrm{ave},\,i,\,j} = \frac{1}{N}\sum_{n=1}^{N}\mathrm{TSNR}_{i,\,j}^{n} \tag{8.19}$$

式中，i，j 分别对应 GBSAR 影像像元的行序号和列序号，$\mathrm{TSNR}_{\mathrm{ave},i,j}$ 是像元 (i,j) 处的平均热信噪比。对 TSNR 设定一定的阈值，计算分析虚假信号的去除效果并进行调整，以达到去除大部分虚假信号以及部分低 SNR 像元的目的。

$$\gamma_{\mathrm{ave},\,i,\,j} = \frac{1}{K}\sum_{k=1}^{K}\gamma_{i,\,j}^{k} \tag{8.20}$$

式中，$\gamma_{\mathrm{ave},i,j}$ 是像元 (i,j) 处的相关系数序列的平均值，其中 K 表示相关系数序列的个数。按照式(8.20)计算影像序列平均相关系数，同样分析相关系数的分布情况并合理设定阈值，完成 PS 候选点的预选工作。

（2）低质量影像的评价与剔除。

分析 GBSAR 影像序列相应的相关系数变化规律，并进行统计分析，计算各像元在各影像上相关系数的偏差值。此时可以利用式(8.20)和式(8.21)分别计算各像元相关系数序列均值和绝对偏差值，也可以考虑气象对相关系数计算的趋势性影响，并对相关系数的时间序列进行回归分析，计算各相关系数相对于回归数值的偏差结果：

$$\Delta\gamma_{i,\,j} = \left|\gamma_{i,\,j}^{k} - \gamma_{\mathrm{ave},\,i,\,j}\right| \tag{8.21}$$

逐像元计算相关系数偏差后，分析各景影像中的 PS 候选点相关系数偏差值的分布情况，设定去相关阈值，统计去相关严重的 PS 点占总 PS 候选点的比例，用该比例值作为评价监测影像总体质量的指标，剔除部分质量过差的影像。此时并未完成 PS 点的提取工作，只是确保部分低质量影像不会参与影像序列的分析。

（3）ADI 阈值法进一步筛选 PS 点。

为确保目标像元变化的稳定性，可应用 ADI 阈值方法对 PS 候选点做进一步的分析和剔除。ADI 阈值设置得较为苛刻，这样才能将虚假信号去除彻底，但同时提取的点目标势必大量减少。对于 GBSAR 连续变形监测影像序列，能够在长时间内依然保持稳定的点目标是非常少的。相应地，长时间序列下各像元的 ADI 数值实际上偏低，因此，该步骤一般设定较为宽松的阈值。

（4）PS 网边干涉相位邻域相差的稳定性分析。

该步骤需要在基于 PS 点构建完成不规则三角网之后进行。虽然 GBSAR 干涉分析中不能单靠利用相位稳定性来评价点目标相位信号的可靠性，但在完成 PS 点的预选工作之后，可以利用 PS 网边干涉相位的时序变化规律分析该边受气象扰动影响的剧烈程度。按照公式计算各 PS 网边的干涉相位在连续影像之间的相位绝对差值，用该相位绝对差值序列的中误差表征各 PS 网边相位观测值变化的剧烈程度，在一定程度上表征了 PS 网边一对点之间气象扰动的大小。

$$\Delta\delta\varphi_{a,b} = \left| \delta\varphi_{a,b}^{i+1} - \delta\varphi_{a,b}^{i} \right|, \ (i, 1, 2, \cdots, K-1) \tag{8.22}$$

式中，$\delta\varphi_{a,b}$ 为 PS 网边 ab 的干涉相位，K 为干涉图总数。

8.2.4 PS 点目标相位序列的干涉分析

GBSAR 影像之间的干涉计算实际上为形变提供了一个时间基准，以主影像作为形变值计算的参考。此时并未考虑相位值的空间关联性，其直接的干涉相位计算值包含了气象扰动的影响，因此，图 8-4 中的形变趋势均具有较大的波动幅值。前面论述中提到正确提取形变信息必须借助邻近离散点之间相位的空间关系，其目的正是为了挖掘干涉相位值在空间域中的关联性，最大限度地削弱由环境气象参数连续变化引起的气象扰动相位。GBSAR 基于相干点目标的干涉相位分析正是基于这一思路进行的。在干涉分析前需要在空间范围内或者在初选的 PS 点中选取一个相对最为稳定的点。假设在时间序列上该点未发生任何变形，是理想的稳定参考点目标，为干涉相位的计算和分析提供了空间基准。参考点的确定，对所有 PS 点的干涉相位值起到了控制作用，有助于分析 PS 点的干涉相位在时间上的变化规律以及空间上的相关性。

1. GBSAR 基于离散 PS 点的网络构建

尽管不同时间采集的 GBSAR 影像大气状态不一致，但在同一景影像区域内，相邻目标之间的大气状态则表现出较高的相似性，目标点距离越近，大气状态的相似程度越高。星载 InSAR 时序分析技术一般认为，在水平距离 1km 范围内，可以认为大气相位近似相等。对于 GBSAR 影像来说，气象的变化规律实际更为复杂。星载 SAR 获取一景影像的时间非常短，能在十几秒到几十秒钟获取上百千米宽幅的影像，而 GBSAR 获取一景影像一般需要 5min 以上。在 GBSAR 影像局部范围内，如果信号行走的路径较为相似，则气象相关性强；相反，如果信号行走的路径差异较大，即便在较小的区域内，各像元的气象成分还是有所区别的。在 GBSAR 影像序列的数据处理中，需要结合实际观测特点确定大气成分相等的限制距离，从而合理限制 PS 连接边的长度。

　　构建网络连接模型有很多种，包括不规则三角网(Triangular Irregular Network，TIN)和自由连接网络等。已有众多学者对 Delaunay 三角网的具体构建算法进行了深入的研究，取得了较多的成果，例如分割归并法、三角网生长法和分治扫描线法等。在借助这些成熟的 Delaunay 剖分算法构建成三角形网络后，可以得到三角形的组成序列，该序列中的每一条记录均描述了三角形节点的构成信息。自由连接网络在限定相关空间范围后，对满足距离限定条件的 PS 点目标均构成连接，因而产生了更加丰富的邻接关系和约束条件，使计算结果更加可靠但增加了计算工作量。本研究中基于 PS 点构建了 Delaunay 不规则三角网。此时，每条 PS 网边均完成了干涉处理，在时间上用形变模型拟合；在空间上又与邻近的 PS 边形成了稳定的图形连接。在完成初步构网之后，还需对各连接边(即各 PS 网边)干涉相位时间序列与模型进行比较分析，用阈值法剔除部分与模型差异过大的异常点。阈值设定时需考虑 PS 网边的关联性，一方面尽量剔除误差较大的连接边，另一方面还需保证有足够的连接边，以确保后续形变估计结果的正确性和可靠性。为了能够成功计算各 PS 点的形变值，所有 PS 点需要具有连通性，在剔除低质量 PS 网边后还要对 PS 网中的孤立边和孤立环进行剔除。

2. GBSAR PS 网的最小二乘平差解算

　　干涉相位模型是一个不定方程组，没有确定解。求解方法有二维周期图法和空间搜索法。二者在本质上是一致的，都是基于时态相干因子最大化方法求解。计算时首先按照式(8.23)建立整体相位相干系数目标函数。

$$\gamma_{i,j} = \frac{1}{K} \left| \sum_{k=1}^{k} \exp(j\Delta\varphi_{i,j,\text{res}}^k) \right| \tag{8.23}$$

　　式中，j 为虚数单位，$\Delta\varphi_{i,j,\text{res}}^k$ 是 PS 网边去掉模型相位后的残差相位序列。

　　每一条 PS 网边的干涉相位都是由两端的 PS 点干涉计算得来的，实际上是一个相位复矢量序列，对应 K(干涉图总数)个矢量数据。为计算干涉相位值的一致性，矢量序列的幅值均设为单位值，该复矢量序列即转化为单位复矢量序列。当这些单位复矢量都有相似的辐角主值时(图 8-5(a))，其矢量和有较大的模，极限情况是各相位辐角相等，此时 γ 取得最大值 1。相反，当这些复矢量的方向背离时(图 8-5(b))，其矢量和为零，相应地 γ 取得最小值 0。γ 实际上反映了相位模型与由观测相位得到的 PS 网边差分相位的拟合程度。当该值达到最大值时意味着模型的参数取值与观测值契合度最佳。

　　比较相位观测方程和模型方程，可得

$$\gamma_{\text{model}} = \frac{1}{M} \left| \sum_{i=1}^{M} \exp\left[j(\delta\phi_{\text{dif}}(x_m, y_m, x_n, y_n, T_i) - \delta\phi_{\text{model}}(x_m, y_m, x_n, y_n, T_i)) \right] \right| \tag{8.24}$$

　　按照式(8.24)完成最大化计算后，可以从某一参考点开始通过区域增长的方法对模型参数增量积分，得到各个点目标的模型参数。对于星载 InSAR 来说是各点的线性变形速率和高程误差绝对量，对 GBSAR 干涉测量来说则是各 PS 点的线性变形速率。

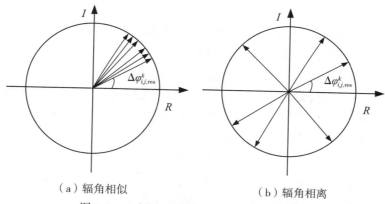

（a）辐角相似　　　　　　　　（b）辐角相离

图 8-5　PS 网边干涉单位复矢量的分布形式

Noferini（2008）在估计线性变形速率时并未考虑干涉相位空间上的关联性，在求取线性速率时采用类似时态相干因子最大化的方法，为了在一定程度上能够减少因时域采样不足引起的虚假峰值，采用公式使实数部分最大化取代了复数模的最大化。

$$\gamma(v)_{i,j} = \text{real}\Big[\sum_{k=1}^{K} \exp[j\Delta\varphi_{i,j,\text{res}}^{k}]\Big], \quad \Delta\varphi_{i,j,\text{res}}^{k} = \varphi_{i,j}^{k} - \frac{4\pi}{\lambda}v\Delta t_{k} \qquad (8.25)$$

以上两种方法求得的是局部最优解。PS 点之间建立相差关系，类似于观测了这一条边基线上两点间的几何参数，如几何水准测量中两水准点之间的高差。每一条有效的 PS 网边都可以建立一条观测边。各观测边之间有三角形的闭合关系，也有类似于水准环的闭合关系，如图 8-6 所示。

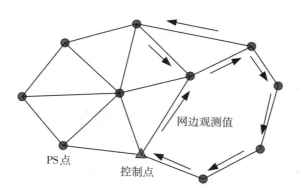

PS 点　　　　控制点　　　　网边观测值

图 8-6　PS 网络连接关系

本研究引入 GAMMA 公司的 IPTA（Interferometric Point Target Analysis）回归分析的思想，首先对 PS 网边干涉序列进行回归分析；同时，为充分考虑 PS 网边在空间上的关联性，即图形闭合条件，采用类似于水准网、GPS 网间接平差的方法对线性形变速率进行估计。PS 网络基线联系的是相邻两个 PS 点线性变形速率差，依此建立网络平差的函数模型。设 v_i 为 PS 网边 PS_i 的线性变形速率，则 PS_i 与 PS_j 之间的速率差函数模型如式

(8.26)所示：

$$\Delta v_{i,j} = v_j - v_i \tag{8.26}$$

式中，$\Delta v_{i,j}$ 为连接的两个 PS 点 i、j 的相对变形速率差，可以利用时态相干因子最大化或回归分析的方法估计其大小。将该估计值作为平差处理的观测值，列出误差方程。

$$r_v = \hat{v}_j - \hat{v}_i - \Delta v_{i,j}\,(i \neq j,\ \forall i,\ j = 1,\ 2,\ 3,\ \cdots,\ T) \tag{8.27}$$

式中，r_v 是 PS 点对变形速率差的残差值，T 为建立连接关系的 PS 点总数。PS 网中各条基线都可以列出这样一个误差方程，由所有基线的误差方程式可组成误差方程组。假设网中有 Q 条基线，则观测方程为：

$$\underset{Q\times1}{L} = \underset{Q\times T}{B} \cdot \underset{T\times1}{X} + \underset{Q\times1}{R} \tag{8.28}$$

式中，B 为 1 和 -1 组成的系数矩阵，L 是观测值，即由原始干涉相位估计得到的 PS 点对相对速率差，R 是残差向量，X 是 PS 点的待估线性变形速率向量。

$$X = \begin{bmatrix} \hat{v}_1, & \hat{v}_2, & \hat{v}_3, & \cdots, & \hat{v}_T \end{bmatrix}^{\mathrm{T}}$$

$$B = \begin{bmatrix} 1 & 0 & \cdots & \cdots & 0 \\ 0 & 1 & \cdots & \cdots & 0 \\ \vdots & \vdots & \vdots & \vdots & \vdots \\ -1 & 1 & 0 & \cdots & 0 \\ \vdots & \vdots & \vdots & \vdots & \ddots \end{bmatrix} \tag{8.29}$$

各观测 PS 网边的先验权一般可以利用平均相关系数或线性速率差初始估值的中误差进行设定，即

$$p_{i,j} = \bar{\gamma}_{i,j}\ \text{或}\ p_{i,j} = \frac{1}{\mathrm{std}(\Delta v_{i,j})} \tag{8.30}$$

利用间接平差方法计算 X 的加权最小二乘解为：

$$X = (B^{\mathrm{T}}PB)^{-1}B^{\mathrm{T}}PL \tag{8.31}$$

要得到绝对变形速率，需要给定一个或多个参考点作为已知控制点数据。一般可以事先判读出较为稳定的区域，定为零形变点目标集合。所有变形速率的估值基于该类零形变的稳定点进行计算。

8.3　基于平均子影像集的时序分析

GBSAR 连续监测模式的最大特点是采样率高、实时性好，短时间内可以获取大量 SAR 影像，可以即时分析监测目标全局形变过程。特别是对突发性的区域变形有较强的探测能力。但由于影像质量受气象扰动影响较为严重，在环境理想、气象参数变化较为平缓的条件下能够得到非常理想的效果，但在气象波动变化剧烈，噪声水平偏高的情况下往往难以发挥其形变探测的精度水平。而对地表微小变形的探测，若仍然采用连续采集的模式，既是对设备资源、人力资源的浪费，在理论上也并不科学。

8.3.1　GBSAR 子影像集的平均影像图与 PS 点提取

GBSAR 能够快速采集监测目标区域的雷达影像，通常 5~10 分钟即可完成一景影像

的采集工作。在地表微小形变监测应用中，通常可以认为短时间内（数个小时的时长，与实际变形速率相关）地表未发生任何形变。将该时段采集到的影像序列看作一个子影像集，那么在长时间周期的变形监测中便可以获取一系列类似的子影像集。通过分析各子影像集内部连续影像信号强度与观测相位的变化规律，对气象扰动和噪声影响进行削弱，进而通过分析各子集之间干涉相位的关联性，对长时间地表形变进行估计和提取。处于一个子影像集内部的影像序列时间跨度不长，一般根据实地气象参数变化情况具体确定影像采集数量。子集内的影像观测相位和信号强度通常都具有较高的质量和稳定性。每一个子影像集合成一景影像是较为高效的处理方法，为提高该合成影像的信噪比可以采用类似干涉相位叠加方法。我们知道气象扰动影响使采样复矢量在极坐标系内发生旋转和缩放。如果气象变化较为平缓，即不是急剧的或是高非线性的，采样复矢量或观测相位变化相应地也会较为平稳，那么通过对复矢量信号进行平均处理可以削弱其影响，与此同时也削弱了其他加性噪声的影响。子影像集内部连续监测序列处理的基本步骤如图 8-7 所示。为减少干涉处理数据量，提高计算效率，我们在计算平均影像之前进行了 PS 候选点的提取。PS 候选点提取方法的选择与阈值设定过程，需要与连续影像干涉分析相一致。由于子影像集时间跨度较短，振幅离差阈值和平均热信噪比阈值方法已经足够去除大部分的虚假信号、弱信号和不稳定信号等。在利用子影像集内部观测相位序列进行平均计算之前需要进行相位解缠。首先在子影像集内部选择一景影像作为主影像，其他作为从影像均与主影像进行干涉计算。如果相位变化较为缓慢，可以直接对各 PS 候选点进行时域一维相位解缠而不必进行二维空间上的相位解缠。在对逐点完成相位解缠处理后，计算邻域相差以剔除部分孤立的变形异常点目标。进而按照公式计算各 PS 候选点目标的平均相位。

$$\varphi_m = \frac{1}{N_m} \sum_{n=1}^{N_m} \left[\angle(f_{m1}) + \angle(W^{-1}(f_{m1} \cdot \text{conj}(f_{mn}))) \right] \tag{8.32}$$

式中，N_m 为子影像集中 GBSAR 影像总数；f_{m1} 和 f_{mn} 分别是子影像集中选作主影像的首影像和第 n 景从影像；$\text{conj}(f_{mn})$ 为取复数的共轭，$W^{-1}(f_{m1} \cdot \text{conj}(f_{mn}))$ 为相位解缠算子，$\angle W^{-1}(f_{m1} \cdot \text{conj}(f_{mn}))$ 为相位提取操作。

最后结合平均相位和平均信号强度，将子影像集融合为一景平均复影像图。后续长时间序列之间的干涉计算与形变提取均基于各子影像集的平均影像进行。

8.3.2 平均影像序列的干涉分析与线性变形速率估计

在完成各子影像集内部的分析与融合之后，便可以进行平均影像图之间的干涉处理，基本步骤如图 8-8 所示。

为得到足够的干涉图序列，我们采取了星载 InSAR 多主影像干涉测量方法。假设有 N 个子影像集，共计得到 N 幅平均影像图，那么 N 幅平均影像图之间可以形成 $M = N \times (N - 1)/2$ 幅干涉对。由于干涉图太少，为尽量避免干涉图序列时间上相位解缠异常并确保干涉相位值的正确性，在离散子影像集的处理和分析中需要进行干涉图的二维相位解缠。目前二维空间相位解缠的方法很多并且较为成熟，本研究基于离散点目标的相位分析方法，因此相位解缠也需要基于离散点进行。应用较为广泛的有基于离散点目标的网络流算法和最小二乘算法。考虑到 GBSAR 干涉图的相位缠绕较为简单，一般不存在密集的相位缠绕

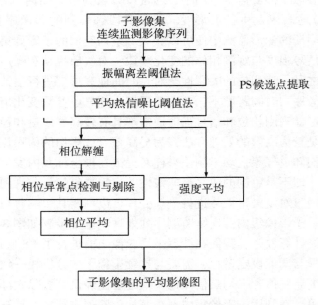

图 8-7　子影像集内部处理的基本步骤

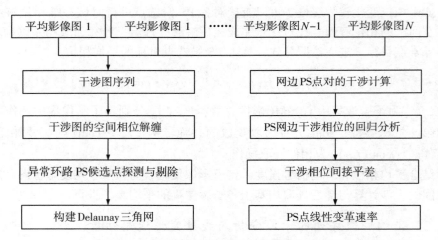

图 8-8　平均影像图序列时序分析基本流程

边界，因此本研究中采用了等权最小二乘相位解缠方法进行空间相位解缠处理。解缠完成后即可得到各 PS 候选点的相位序列。值得注意的是相位解缠得到的是相位值的无旋矢量场，即各 PS 点的相位值与参考点到目标点的积分路径无关，这是相位值在空间上的基本性质，也是相位解缠处理的基本准则。同样，相位值在时间域也存在这一无旋特性，例如 φ_{ij} 是第 i 和第 j 个平均影像图之间的解缠干涉相位，3 景影像之间的无旋特性可以用下式表示：

$$\varphi_{12} + \varphi_{23} + \varphi_{31} = 0 \tag{8.33}$$

　　时域上 3 景平均影像图之间相互干涉形成了相位环路，正常情况下环路的相位积分为零，如果相位解缠受噪声影响产生错误，则环路积分数值为 2π 的整数倍。因此，可以利用时域环路积分数值来判断相位解缠的正确性，并剔除发生错误的 PS 候选点。

第9章 变形监测数据融合方法

9.1 GBSAR 与光学影像融合

地基合成孔径雷达技术(GBSAR)通过天线在水平导轨上的往返运动来合成方位孔径,通过获取不同时间对目标物的重复干涉图像,得到毫米级的形变位移精度,主要应用于高精度的监测,如对自然灾害和人工建筑物等发生微小形变进行的监测,分析其变形趋势并及时做出危险区域的灾害预报。目前,GBSAR 技术在国外已经广泛应用于大坝、冰川、山体滑坡和火山等的变形监测;在国内关于 GBSAR 也开展了相关的监测研究,但是该研究还处于起步阶段,很多问题尚未解决,亟待更为深入的研究。

由于 GBSAR 应用存在局限性,研究 GBSAR 与光学影像的融合方法显得尤为重要。有专家通过冰川监测实验提出了一种通过 GBSAR 和单视场视觉系统(VBS)收集数据的耦合来得到时空 4D 形变场的方法,由于两个设备能观察到不同的具有互补性的运动,因此运动矢量的三维重建是可行的,其中视线平行分量通过 GBSAR 测量获得,而 VBS 测量另外两个正交的运动矢量。

9.1.1 研究区概况

该研究的对象是位于意大利阿尔卑斯山的勃朗峰地块南侧库马约冰川。库马约冰川是一个多热的冰川,海拔在 2500m 到 3500m 之间(图 9-1)。其中,VBS 安装在海拔 2305m 的山谷一侧用于冰川连续监测,它由两个相机组成,传感器为 18M 像素,配备 297mm(TELE 模块)和 120mm(WIDE 模块)聚焦镜头,与冰川的平均距离约为 3500m。摄像机安装在混凝土基座上,该基座放置在塑料防护箱内。由两个太阳能电池板组成的高能模块为 VBS 供电,因此,系统可以自动工作,完全由遥控器控制;VBS 每小时获取一个图像。由于阴影和光照的变化可以深刻影响图像互相关(ICC)的结果,故手动选择处理每天下午 5 点到 7 点之间获得的一张图像。在同一时期,安装在库马约小村庄的 GBSAR 所在地海拔 1582m,与冰川的平均距离约为 2500m。雷达每 16 分钟采集一幅图像,并会在实验的时间跨度内收集到超过 2200 幅图像。

9.1.2 融合方法

该方法由三个主要程序组成:
(1)雷达图像的干涉处理;
(2)摄影数据的图像互相关(ICC);

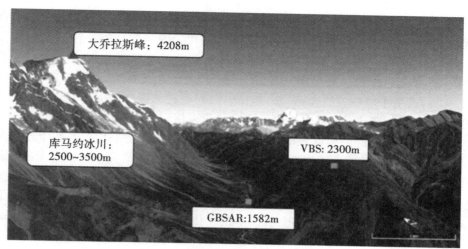

图 9-1 研究区域

（3）测量结果数据融合。

该方法的工作流程如图 9-2 所示。

事实证明，地面雷达干涉测量是监测冰川的有效工具。在研究中，进行干涉测量处理以监测冰川沿视线方向的表面运动。雷达干涉测量法用于分析两个不同图像之间的微分相位的过程，旨在估算两次采集期间发生的位移。

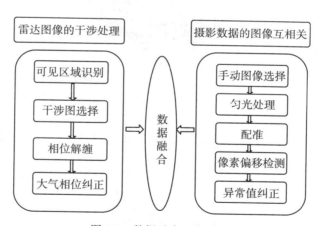

图 9-2 数据融合工作流程

为了实现这一目标，需要考虑单个目标散射的电磁波；发射信号所覆盖的距离为

$$R = n\lambda + \frac{\lambda}{2\pi}\varphi \tag{9.1}$$

式中，λ 是波长，φ 是相位。因此，两次采集之间发生的运动位移为

$$R_2 - R_1 = \frac{\lambda}{4\pi}(\varphi_2 - \varphi_1 + 2n\pi) = \frac{\lambda}{4\pi}(\varphi + 2n\pi) \tag{9.2}$$

其中，$2n\pi$ 属于相位周期内在模糊性（即相位缠绕）。实际上，在雷达保持在相同位置（零基线）的情况下，干涉相位由不同项的总和给出，即

$$\varphi = \varphi_d + \varphi_a + \varphi_s \tag{9.3}$$

式中，φ_d 是与目标位移直接相关的相位，φ_a 是由于大气条件的变化（通常称为大气相位屏幕，APS）改变了电磁波的光路，φ_s 包括由散射特性的变化引起的热噪声和相变。因此，需要进行数据处理来确定不同数据的影响并正确估算 φ_d。

本实验对雷达照射的阴影区域的信号进行了区分，进而对平均时间相干性 γ 低于经验阈值（即 $\gamma < 0.55$）的点进行了移除处理（见图9-3）。在其他研究中，散射点的选择由基于标准驱动的幅度色散（DA）决定。冰的变质作用和积雪沉积导致目标的介电特性发生强烈变化，引起散射信号幅度的可变性，并产生实际不同的幅值。实际上，在冰川区域观察到的幅度色散显示的值在0.4至1之间（图9-3）。因此，基于幅度色散的标准选择阴影区域是不合适的。

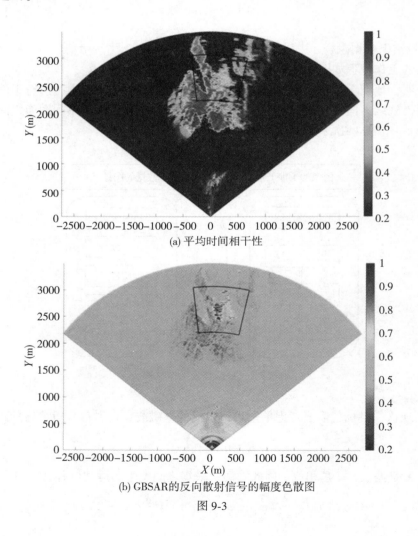

(a) 平均时间相干性

(b) GBSAR的反向散射信号的幅度色散图

图9-3

本实验需要解决应用二维展开算法的相位模糊问题。这种算法在非连通区域之间引入了不同的相位偏移。因此，有必要手动识别主要紧凑区域，然后减去相应的相位偏移。该操作进一步减少了误差并显著提高了结果的准确性和精度。由于有些干涉图可能受噪声影响严重，进而引入由于噪声或残余相位缠绕引起的误差，因此，建立了依据平均空间相干性 $\gamma < 0.65$ 的经验阈值来识别要去除的干涉图。

冰川位于比 GBSAR 定位高 1200m 的位置，其特征是所研究区域的海拔变化显著。驱动电磁波的光程长度的大气变量可能显著变化，从而影响干涉相位的测量。干涉测量过程的结果在具有恒定距离分辨率（即 0.43m）的雷达图上表示。相反，方位角分辨率与测距大小线性相关。

实验中采用的处理方法包括五个主要步骤：

（1）手动图像选择；

（2）匀光处理；

（3）影像配准；

（4）像素偏移匹配；

（5）自动化异常值检测。

图 9-4 说明了影像自相关法的具体步骤。

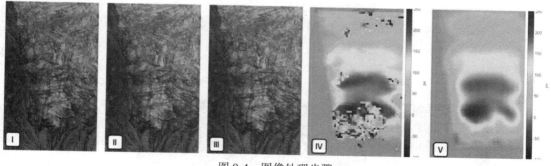

图 9-4　图像处理步骤

为减少实验误差，实验中最好使用均匀照明的图像。因此，实验选取了没有太阳直射、漫射照明居多的冰川表面图像，特别是下午 5—7 时拍摄的照片。这样能保证表面粗糙度引起的阴影变化对互相关计算的影响最小。

图 9-4 图像处理步骤如下：I. 通过对含有主成分的场景光源进行分析，进一步使在不同的图像之间的照明条件更均匀，保证所有图像都是相关的；II. 通过减少相机由于移动或光路变化造成的误差，得到一个共同的图像；III. 将匹配算法应用于稳定表面（即基岩）的区域，并获得像素偏移在垂直和水平方向上的图像；IV. 大多数核心配准绝对值偏差小于 5 个像素，仅在少数图像中水平偏移为 10 像素，然后通过滑动窗口来估算位移值；V. 阴影、非最佳照明、图像散焦或形态表面变化等因素都可能导致实验结果出现偏差，通过插值对相关异常值进行改正。

光学影像的图像相关法与地基雷达干涉测量具有一定的技术互补性，可以通过融合以

101

获得表面运动的三维信息。融合不同数据的必要条件是它们具有统一的坐标系。因此，参考轴必须是平行的，且数据的地图分辨率必须一致。当形变矢量从不同的方向获取时，坐标系必须进行几何变换以使坐标轴平行。由于不同系统测量的运动不是正交的，因此有必要对独立的分量进行处理以获得实际的 3D 运动矢量。通过在规则网格上应用空间插值可以实现，但是需要支持投影数据的数字高程模型。最后，对具有相同空间坐标的相应数据进行地理编码。

对于雷达数据的地理参考而言，需要在 3D 空间中正确地对雷达数据进行地理编码，当 2D 雷达坐标系和 3D 地理坐标系的轴起点重合且各轴平行时，才能应用上述方法。因此，当不满足该条件时，需要根据雷达视线和地理北方之间的角度来旋转地理坐标。在理想情况下，可以通过 GPS 测量雷达边缘的坐标来估计其夹角；通过估算未知变换参数（即旋转角度），表示其最大化光学和雷达视域之间的空间相关性；通过分析后向散射信号的幅度来评估雷达视域。以上是数据地理配准的内容。

最后一步是两种数据的融合处理。假设 GBSAR 获取的视线向一维的时序位移向量为 y_{sar}^t，而地面光学影像获取垂直光轴平面的时序二维形变向量为 $[x_{\text{pho}}^t, z_{\text{pho}}^t]$，如果设置光学影像的摄影方向与 GBSAR 视线向平行，则表示这三个轴向相互正交，通过直接叠加就可以得到真实的时序三维形变向量：

$$d_{\text{re}}^t = R[x_{\text{re}}^t, y_{\text{re}}^t, z_{\text{re}}^t] = R[x_{\text{pho}}^t, y_{\text{sar}}^t, z_{\text{pho}}^t] \tag{9.4}$$

上式 R 为转换至三维地形坐标系（ENU）的旋转矩阵。然而受光照与视场条件等影响，光学影像的摄影方向往往无法与 GBSAR 视线向完全平行（见图 9-5），因此可以将地基 SAR 的时序位移向量进行几何旋转，即：

$$y_{\text{re}}^t = R'(\Psi, \theta, \phi) y_{\text{sar}}^t \tag{9.5}$$

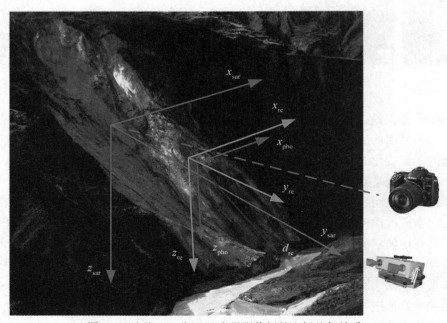

图 9-5　地基 SAR 与地面光学影像间的坐标几何关系

再将其与地面光学影像获得的时序二维形变向量叠加，最终得到数据融合后的时空 4D 形变场为：

$$d_{re}^{t} = R[x_{re}^{t}, y_{re}^{t}, z_{re}^{t}] = R[x_{pho}^{t}, R'y_{sar}^{t}, z_{pho}^{t}] \quad (9.6)$$

上式中旋转参数 (Ψ, θ, ϕ) 可由 GBSAR 与光学影像间公共点来解算。

9.1.3 结论

在本实验中提出了一种创新方法，将地面雷达干涉测量和图像互相关（ICC）获得的运动体表面监测数据结合起来，进而获取其时序三维形变信息。该方法特别适用于调查区域难以进入的情况。影响实验结果的不确定因素主要来自两个方面：数据处理和地理配准。通过使用地基合成孔径雷达（GBSAR）和单视场视觉系统（VBS）来获取数据，其测量数据具有毫米级准确度和精度，能够扩展 GBSAR 监测的应用面。但该方法同样也具有一定的限制性：例如，图像互相关方法需要手动选择要处理的图像，它仅在合适的可见性条件下工作，并且受到阴影、图像散焦等因素的影响。地面雷达干涉测量也有其缺点，主要是高昂的购置成本和仪器的便携性差等。

9.2 GBSAR 与 TLS 融合方法

9.2.1 概况

地面三维激光扫描技术（TLS）是从 20 世纪 90 年代中期开始发展起来的一项新兴测绘技术，该技术可以快速地以毫米级采样间隔获取实体表面点的三维坐标信息，建立目标的三维模型，并提取线、面、体等制图数据，实现实景复制，由传统的特征点数据采集方式转变为全特征数据采集方式，弥补了传统方法的不足。如今 TLS 已广泛应用于地形测量、滑坡、隧道和建筑物等的变形监测中，效果显著。

尽管 GBSAR 和 TLS 是两种不同的监测技术手段，但具有较强的互补优势。二者各自优缺点分别为：① GBSAR 能够获取视线方向目标物高精度位移图，观测结果精度高，可达毫米级甚至亚毫米级；② TLS 可快速获取目标物的三维模型。本实验提出了一种将 GBSAR 和 TLS 数据融合的方法，该方法生成的三维干涉雷达点云使 GBSAR 视线方向的变形信息能够三维可视化，突破了 GBSAR 本身二维平面的限制，使得变形监测结果更为宏观。通过将 GBSAR 获取的高精度位移图与 TLS 获取的三维模型融合生成三维干涉雷达点云，既保留了 GBSAR 高精度形变信息的特点，同时也实现了交互式 3D 显示功能。

三维激光扫描仪每发一束激光就可得到目标表面单个点的信息，根据激光发射器的水平方位角、垂直方位角以及测量距离 S，就可以求出目标点 P 的三维坐标。三维激光扫描系统采用的是系统的局部坐标系，X 轴和 Y 轴位于局部坐标系的水平面上，且 Y 轴通常为扫描仪扫描方向，Z 轴为垂直方向，其关系如图 9-6 所示，通过计算获取场景中点的三维坐标为：

$$\begin{cases} X = S \cdot \cos\theta \cdot \cos\alpha \\ Y = S \cdot \cos\theta \cdot \sin\alpha \\ Z = S \cdot \sin\theta \end{cases} \tag{9.7}$$

一般而言，GBSAR 主要应用了步进频率连续波、合成孔径雷达和干涉测量 3 大技术。其中，步进频率连续波技术是一种频率调制技术，可以提高 GBSAR 系统的距离向分辨率。为了得到较高的空间分辨率，GBSAR 采用了合成孔径雷达技术，通过这两种技术可获取目标物的空间二维雷达图像。利用干涉测量技术，雷达可获取目标物在天线视线向上的精确位移。将 GBSAR 和 TLS 融合不但能获得实时的二维平面信息，而且能得到三维空间信息，从而使所获得的地理信息形成多层次、多方式、多侧面的全方位模型，大大拓宽了地理研究的广度和深度。

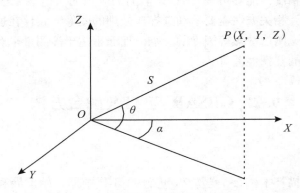

图 9-6　激光扫描三维测量原理图

本实验旨在研究 GBSAR 和 TLS 的数据融合技术，在保留 TLS 提供目标物表面的 DEM 基础上，同时融合 GBSAR 提供的高精度位移图，生成具有交互 3D 显示效果的三维干涉雷达点云模型，直观且高精度地展示目标物的变形情况，为宏观决策提供有力的技术支撑。在国外，这项融合技术已经应用于山体滑坡、大坝和考古遗迹的监测及积雪深度的测量，国内还鲜有这方面的研究。

参考国外一些成功的实例，如何建立 GBSAR 和 TLS 之间的联系是关键所在。本实验通过坐标转换和投影的方法，实现 GBSAR 和 TLS 的数据融合。在坐标转换过程中，可以通过获取二者共同的控制点坐标，实现其平面坐标系的相互转换。数据融合的过程主要分为 3 个步骤：①分别获取 TLS 和 GBSAR 的观测成果，即高分辨率的三维模型和高精度的视线方向位移图；②通过坐标转换和投影的方法将二者的成果融合生成三维干涉雷达点云；③综合分析融合成果，对目标物的变形情况作出判断或者预测。

为了验证 GBSAR 与 TLS 数据融合方法的有效性，采用 IBIS-L 地基雷达系统和 Riegl 公司的 VZ-400 型号三维激光扫描仪对清江隔河岩大坝进行变形监测实验。该大坝位于长江支流的清江干流上，下距清江河口 62km，最大坝高 151m，坝顶高程为 206m，全长 650m。大坝为混凝土结构，对 GBSAR 和三维激光扫描仪照射回波反射率较高，能够有效地减少信号的透射，有利于获取更多的有效数据。对大坝周围环境进行全景扫描，采样率设定为系统自动采样率，粗扫完成后，重新设定采样率为 10mm，再对大坝进行精扫，实验时间共维持十几分钟，可快速获取大坝的三维模型；然后，采用 GBSAR 对大坝进行观测实验，将设备安置在距离大坝 300 多米的正前方，这样保证了 GBSAR 的视线方向与大坝形变方向相一致，所获结果能直接反映大坝的形变情况，采样频率设定为单幅影像 20min，观测时间共维持了 8 个多小时，共获取 28 幅影像。

9.2.2　融合方法

为了将 GBSAR 和 TLS 数据统一到同一个坐标系，必须进行坐标转换。由于 GBSAR 是二维雷达，只能解算出监测目标的二维坐标。

本实验采取的方法是将 GBSAR 系统 xOy 平面坐标系转换到 TLS 的 XOY 平面坐标系，实现两者的二维平面直角坐标系的转换，达到平面坐标系统的统一，为随后将视线方向形变图投影到三维模型上奠定基础。

采用人工选点的方式在 GBSAR 信噪图中均匀分散地选取了 7 个控制点 $GCP_1 \sim GCP_7$，并获取其系统 xOy 平面坐标，选点位置如图 9-7 所示。同时，在大坝的三维模型上选取相应控制点 $GCP_1 \sim GCP_7$，并获取其 XOY 平面坐标，选点位置如图 9-8 所示。

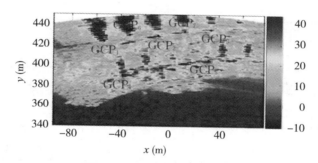

图 9-7　GBSAR 控制点示意图

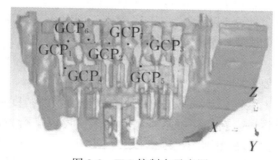

图 9-8　TLS 控制点示意图

表 9.1 为控制点分别在 GBSAR 的 xOy 平面坐标系和 TLS 的 XOY 平面坐标系下的坐标值。所选控制点满足各指标阈值，其中，热红外阈值、相关性阈值和相位稳定性阈值分别设置为 25.0dB、0.85dB、5.0dB，以保证选点的相关性和稳定性。选取 $GCP_1 \sim GCP_7$ 5 个

控制点按照二维四参数转换法计算由 GBSAR 系统 xOy 平面坐标系转换到 TLS 的 XOY 平面坐标系的转换参数，为了检核转换精度，根据得到的转换参数计算 GCP_6 和 GCP_7 由 GBSAR 的 xOy 平面坐标转换到 TLS 的 XOY 平面下的坐标，比较此两点转换前后的误差，如表9.2所示，并判断是否可以进行投影。

表9.1　　　　　　　　　　　　　　　控制点平面坐标

控制点	IBIS		TLS	
	$x(m)$	$y(m)$	$X(m)$	$Y(m)$
GCP_1	−55.9	421.3	509 951.5	3 369 751.2
GCP_2	−9.4	427.9	509 905.8	3 369 745.6
GCP_3	34.5	435.1	509 862.3	3 369 740.8
GCP_4	−37.7	388.1	509 935.2	3 369 768.7
GCP_5	30.2	403.8	509 866.2	3 369 766.5
GCP_6	−32.1	428.3	509 929.9	3 369 744.3
GCP_7	11.4	433.3	509 888.2	3 369 741.5

表9.2　　　　　　　　　　　　　　　参考点转换前后坐标

参考点	转换前(m)		转换后(m)		差(m)	
	X	Y	X	Y	ΔX	ΔY
GCP_6	509 929.9	3 369 744.3	509 926.0	3 369 740.7	3.9	3.6
GCP_7	509 888.2	3 369 741.5	509 885.2	3 369 739.1	3.0	2.4

由表9.2知，参考点转换前后误差为2~4m。经分析，造成误差的原因主要有两个：

（1）GBSAR 和 TLS 分辨率相差较大。本实验中，GBSAR 距离向分辨率为定值 0.5m，由雷达发射器与大坝间的距离得到角度向分辨率为 1.5~2m，这与三维激光扫描点云 1cm 分辨率相差较大。因此，由于 GBSAR 系统硬件本身的限制，其较低的分辨率是导致二者坐标转换精度不高的主要原因。

（2）人工选取控制点。人工选点的方式导致选取控制点的精度不高，从而导致二者坐标转换精度存在一定的误差。转换精度基本满足要求，可以进行投影，即将 GBSAR 获取的大坝变形位移图投影到 TLS 得到的三维模型上，便于下一步的变形分析。

要实现 GBSAR 与 TLS 的数据融合，就必须将 GBSAR 平面的二维坐标转换到 TLS 系统下的三维坐标，在完成 GBSAR 的 xOy 平面到 TLS 的 XOY 平面的坐标转换之后，还需解决 GBSAR 的 Z 坐标如何获取的问题。本研究采取投影的方法，即 GBSAR 高程 Z 坐标等于其像素点按照 xOy 坐标转换到 TLS 系统下相应点的 Z 坐标，即可将 GBSAR 视线方向形变图贴到由 TLS 获取的三维模型表面维干涉雷达点云，初步实现形变信息三维可视化。

在对隔河岩大坝进行持续观测的过程中，GBSAR 获取了 28 幅影像，共维持了 8 个多小时。本书将整个监测数据 28 幅影像分为 4 期观测，以 7 幅影像数据（大概 2h）为 1 期，分析 4 期的变形趋势，如图 9-9 所示。

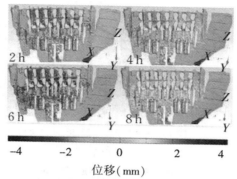

位移（mm）

图 9-9　三维干涉雷达点云示意图

为了分析大坝在观测期间的变形趋势，在大坝上层和下层分别选取 4 个像素点 $P_1 \sim P_8$ 作为变形分析特征点，位置图如图 9-10 所示。为了验证选取的特征点的稳定性和可靠性，相干系数计算公式为：

$$\gamma = \frac{E\{MS^*\}}{E\{|M|^2\}E\{|S|^2\}} \tag{9.8}$$

式中，M 与 S 表示两幅复图像；* 表示共轭算子。根据式（9.8）计算 8 个点之间的相干系数，相干系数越高，代表干涉相位越可靠，相位误差越低，位移变化值也就越准确。计算结果表明，特征点之间的相干系数均在 0.9 以上，说明所选 8 个特征点区域之间的相关性很好，确保了选取的特征点稳定可靠。

图 9-10　变形特征点位置图

各特征点位移-时间曲线图如图 9-11 所示。由于测量时间间隔短，从整体上看，大坝这段时间没有发生较为明显的变形，特征点变形量都比较小，各点的形变趋势大体相同，很大程度上是系统误差造成的。除在 00：00 出现最大 3.5mm 的位移，其余时间段的位移基本都在 2.5mm 以内，只有点 P_3 在 17：00 左右位移相比其他特征点出现较大变化，达到

3.5mm。到夜间结束时，总的位移量较小，回到初始的状态。分析其形变原因，当时水库正值蓄水期间，坝体表面因水位上升而发生相应的形变。大坝各特征点的位移始终未超过4mm，在大坝允许的位移范围之内。因此，总的来说大坝整体处于稳定状态。大气扰动对测量精度有较大影响，气温、湿度等的变化对监测结果也会造成一定的影响。

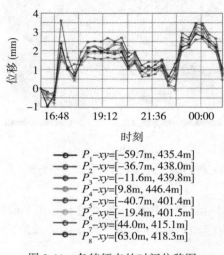

P_1–xy=[−59.7m, 435.4m]
P_2–xy=[−36.7m, 438.0m]
P_3–xy=[−11.6m, 439.8m]
P_4–xy=[9.8m, 446.4m]
P_5–xy=[−40.7m, 401.4m]
P_6–xy=[−19.4m, 401.5m]
P_7–xy=[44.0m, 415.1m]
P_8–xy=[63.0m, 418.3m]

图 9-11　各特征点的时间位移图

　　通过对数据的分析结果可知，利用 GBSAR 系统对该大坝的监测表明，GBSAR 的数据相对于传统技术采集的数据空间分辨率高、精度高，选取回波信号较好的多个特征点可反映大坝整体的变形趋势。

　　根据前述融合后的三维干涉雷达点云，选取点 P_2 分析 4 期的变形趋势。点 P_2 的时间-位移变化曲线如图 9-12 所示，点 P_2 在三维模型上 4 期的位移变化如图 9-13 所示。从图中不难看出，点 P_2 在空间位移变化上与曲线一致，相比更加直观反映了大坝在空间上的变形趋势。由 GBSAR 与 TLS 的融合结果分析来看，大坝变形很小，整体趋势相似，并无较大变形。

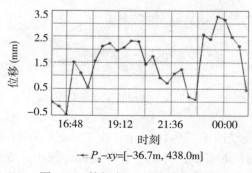

P_2–xy=[−36.7m, 438.0m]

图 9-12　特征点 P_2 间位移曲线图

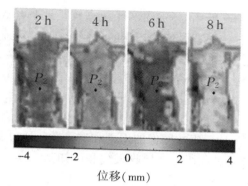

图 9-13 特征点 P_2 4 期位移变化空间显示图

由于观测时间较短且观测区域较小，融合效果还不够显著。可以推想，将这种融合技术应用到滑坡、火山等大面积区域监测时，经过长时间的监测便可直观地反映出被监测体出现较大变形的具体位置以及形变量，这将极大地有助于灾害预警工作的开展。

9.2.3 结论

本实验旨在研究 GBSAR 和 TLS 技术融合的有效性，通过坐标转换和投影的方法初步实现了二者数据的融合，生成的三维干涉雷达点云模型结合了 GBSAR 变形监测结果精度高和 TLS 三维可视化的特点，并成功地对隔河岩大坝进行了变形监测。实验结果验证了二者数据融合的有效性，该融合方法可用于大坝高精度、三维可视化的变形监测，提供了一种新的大坝变形监测的方法和预警手段，具有很高的研究价值。期待对类似山体滑坡、火山等大面积目标展开监测研究。同时，该融合技术目前在国内尚处于研究阶段，离实际测绘生产仍然有较大距离，亟待研究和完善的地方还很多。

9.3 GBSAR 与 GNSS 融合方法

9.3.1 概况

GNSS 全称"全球导航卫星系统"（Global Navigation Satellite System），该系统是由美国 GPS、俄罗斯 GLONASS、中国北斗系统（BDS）以及欧洲 Galileo 卫星导航系统等共同组成的。GNSS 技术则是一种可实现远程自动化测量的高精度变形监测技术。

由于 GNSS 技术的迅猛发展，其除具有全天候、全时域、测站之间无须通视、定位精度高、可同时测定点位的三维坐标等子系统具有的所有优点外，还整合了四大子系统的所有资源，使其相比单一子系统，在同一时间的可视卫星数目大大增加，由此可保证在地球大多数地区进行 GNSS 测量均有较高的精度，且测量时间大大缩短。如果能将 GNSS 与 GBSAR 融合使用，定会大大提高测量精度和工作效率。

使用从 LiSALAB 地基合成孔径雷达（GBSAR）系统修改的矢量网络分析仪进行实验，根据 GNSS-INS 单元获取用于辅助方位信号压缩的位置信息，并且利用距离多普勒算法对采集的数据进行方位角压缩。使用 GNSS-INS 系统来校正地基合成孔径雷达平台的不规则运动以提高信号压缩精度,并以有无位置校正的合成图像作为比较。

合成孔径雷达系统在过去的几十年中已被用于卫星和机载平台,并且在 GBSAR 系统上进行了开发,这些系统通常在 Ku 波段工作并利用轨道进行精确定位,使时间干涉测量成为可能。基于地面的合成孔径雷达图像不同于机载和卫星雷达,具有较低的操作成本和连续测量的优点。但是由于地面雷达的视角较低,不会产生类似于光学图像的"美观"或易于识别的星载雷达图像,从而影响图像的识别和准确性。通过实施在不同时间拍摄的多个 SAR 图像的干涉测量或通过利用 2 个接收天线和已知基线实现同时拍摄的多个 SAR 图像的干涉测量来实现斜率的 DEM 生成。

本实验描述了使用由 LiSALAB 公司制造的 GBSAR 系统改进的 L 波段操作的移动 SAR 系统进行的实验。主要目的是测试 GNSS-INS 系统在地基合成孔径雷达平台运动校正中的能力和评估 L 波段 GBSAR 的特性(例如植被穿透)。

9.3.2　融合方法

实验设置如图 9-14 所示,由矢量网络分析仪和初始导航单元组成。网络分析仪用作射频信号发生器和接收器,产生频率扫描,对接收信号进行解调和匹配滤波,并在输出端给出频域"范围压缩"信号。

在每个脉冲处,触发信号经过网络分析仪发送到 INS。将时间戳位置 XYZ 记录为 20Hz,并且每当接收到触发时都记录时间戳。

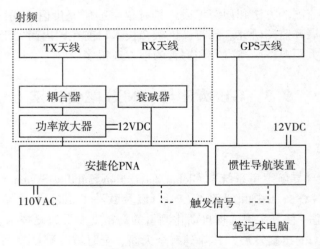

图 9-14　系统示意图

应该注意的是,该系统的主要限制是网络分析仪的数据读出速率,它将脉冲重复间隔限制在 0.1~0.5s 的范围内。因此,该系统只能用作评估,而不能在快速移动的平台上操作。在实验过程中将装置安装在皮卡车上,如图 9-15 所示。

图 9-15　实验装置

　　实验数据是在西拉斐特的普渡大学停车场获得的。频率输出设置为 1.7GHz 至 2.0GHz，带宽为 300MHz，相当于 0.5m 的范围分辨率。天线的 -3dB 波束宽度为 13.3 度，因此等效方位角分辨率约为 0.35m。扫描路径如图 9-16 所示，观察方向位于图的左侧。

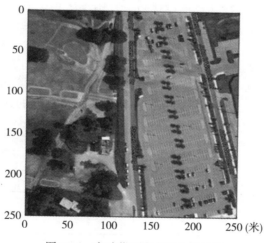

图 9-16　实验位置和方位角轨迹图

　　距离多普勒算法通常用于卫星雷达，其中诸如距离、方位角频率等变量以慢速时间表示。考虑具有最近 R_0 范围的目标，作为方位角 x 的函数的范围 R 是：

$$R(x) = \sqrt{R_0^2 + x^2} = R_0 + \frac{x^2}{2R_0} - \frac{x^4}{8R_0^3} + \frac{x^6}{16R_0^5} + \cdots \tag{9.9}$$

方位频率 K_a 是：

$$K_a = \frac{2}{\lambda} \frac{d^2 R(x)}{dx^2} = \frac{z}{\lambda R_0} \tag{9.10}$$

位置 x 的方位角频率为：

$$f_x = -K_a x = \frac{\frac{2x}{\lambda R_0}}{x} = xc = 0 \tag{9.11}$$

转换为距离-多普勒域后，作为方位角频率函数的范围为：由于信号在接收时被去除，因此可以写为：

$$R_{\text{rd}}(f_x) = R_0 + \frac{\lambda^2 R_0}{8}f_x^2 - \frac{\lambda^4 R_0}{128}f_x^4 + \frac{\lambda^4 R_0}{1024}f_x^6 + \cdots$$

$$\approx R_0\left(1 - \frac{\lambda^2}{4}f_x^2\right)^{-1/2} \tag{9.12}$$

注意，范围偏移与范围-多普勒域中的范围(R)成反比。通过将距离-多普勒域中的信号与方位角调制的复共轭相乘来完成方位角压缩：

$$\exp\left\{-j\pi\left(\frac{\lambda R_0}{2}\right)\left(f_x^2 - \frac{1}{32}\lambda^2 f_x^4 + \frac{1}{256}\lambda^4 f_x^6 + \cdots\right)\right\} \tag{9.13}$$

GNSS-INS 安装在卡车上，GNSS 天线尽可能远离雷达天线，以尽量减少干扰。数据以 20Hz 的速率记录在车身框架的笛卡儿坐标中，每个雷达脉冲上都有一个时间戳。通过假设平台以近似线性轨迹行进，使用特征分解来找到具有最大特征值的方位矢量的方向。剩余的两个矢量可以通过略微"S"轨迹或假设高度变化为零来区分。

$$(PP^{\text{T}})v = \lambda v$$
$$P' = P \cdot v \tag{9.14}$$

其中 $P \in \mathbf{R}^3$ 是原始位置数组，P' 是旋转位置数组，v 是特征向量，λ 是特征值。

来自 PNA 的信号在接收时进行范围压缩。它沿着距离进行均衡和滤波，并根据雷达的位置沿方位角进行插值，然后在距离多普勒域中对距离单元的迁移和方位角进行校正，并将逆傅里叶变换为最终图像。步骤如图 9-17 所示。

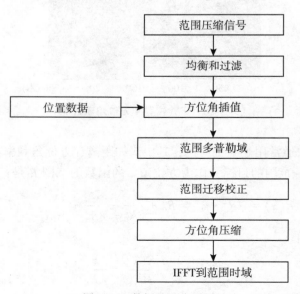

图 9-17　数据处理流程图

聚焦图像的结果如图 9-18（a）所示，而图 9-18（b）是图像在地图上的叠加。图 9-18（a）中，$(X, Y) \approx (25, 20)$ m 和 $(35, 35)$ m 处的短水平线是停车场上的汽车。Y 值约为 20m 和 60m 处的 2 个点是灯柱；Y 值约为 40m 处的簇是树木；Y 值约为 80m 处的点线是来自道路围栏的反射，其与角落反射器非常相似；Y 值为 $120 \sim 140$m 范围的大型集群是一个蜂窝塔，钢结构有多次反射。

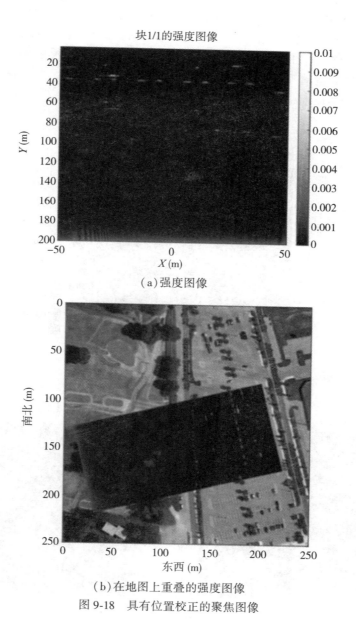

（a）强度图像

（b）在地图上重叠的强度图像

图 9-18   具有位置校正的聚焦图像

方位角校正在移动 SAR 中至关重要，因为无法保证平台的恒定速度。这里利用测井轮记录沿方位角行进的距离。这项工作使用 GNSS-INS 系统记录了位置，该系统应该更灵活地进行系统部署和安装。

图 9-19 显示了没有方位角位置校正的数据的直接处理。请注意 80m 范围内的路边围栏的点图案不再可见。

图 9-20 显示了范围单元迁移校正(RCMC)和方位角压缩之前的图像,以更好地说明使用 INS 的运动补偿。

注意,在图 9-20(a)中,在大约 20m 的范围内,由于雷达在大约 5m 的方位角处减速,因此在 $X \approx -40m$ 和 5m 处的 2 个灯杆的反射率非常不同。并且在图像的左边缘和右边缘存在区域,其中没有平台的运动并且在多个脉冲上显示恒定的反射率。通过使用 GNSS-INS 数据进行插值的运动校正了这些伪影并产生更均匀的数据集,以便在范围单元迁移校正(RCMC)和方位角压缩中进一步处理。

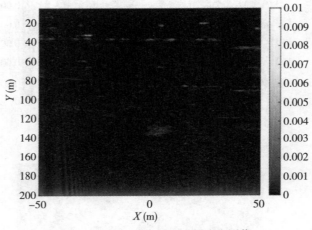

图 9-19　无 INS 位置校正的聚焦图像

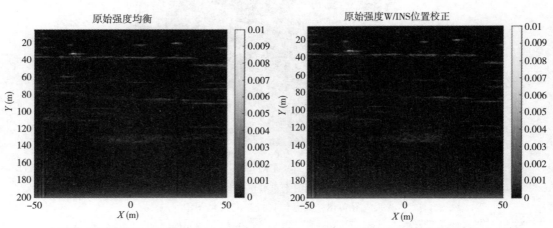

(a)在方位角压缩之前,在位置校正之前　　　(b)在方位角压缩之前,在位置校正之后

图 9-20　W 和 W/O 位置校正的图像比较

9.3.3 结论

本实验已经演示了地基雷达平台速度不确定性的影响，以及使用 GNSS-INS 系统来修正成像后的伪影。比较了在有无位置信息情况下聚焦的强度图像，发现在运动补偿图像中，一系列与路边护栏角反射器反射相对应的"点"在非徙动补偿图像中是不可见的，尽管轨迹几乎笔直且均匀。然而，必须确保采样间隔足够短，以适应平台的最快速度，这样就不会出现混叠。在降低脉冲间隔信号收发信机以及补偿非线性轨道运动方面，可以进一步改进。

第10章 大坝监测应用

大坝变形监测是大坝安全监测的一项重要内容。大坝作为重要的水利水电枢纽工程，通过调控水资源时空分布，在防洪、发电和航运等方面发挥着重要的综合效益。坝体稳定性和周边环境变化的监测对于大坝正常运转至关重要。常规的大坝监测方法通常是利用监测点的绝对位置计算目标的形变量，这类方法需要接触被测目标且获得的信息量少，需要布设大量的标志点才能准确地获取大坝整体的形变信息。GBSAR 技术可无接触、高精度地获取大坝的形变信息。本章以隔河岩大坝 IBIS-L 监测数据为例，通过利用该技术进行坝面线性形变信息的提取，与大坝同时段的垂线监测结果进行对比分析，并验证该技术对大坝进行变形监测的可行性。

10.1 实验区概况

隔河岩水利枢纽工程位于中国湖北省长阳县境内长江支流清江干流上，大坝为双曲重力拱坝，主坝坝顶高程 206m，坝顶全长 665.45m，最大坝高 151m。两岸布置重力坝段（见图 10-1），在左岸坝肩高程 120～138m 的建基面上设置重力墩。该坝上距恩施市 207km，下距高坝洲水电站 50km，以发电为主，兼有防洪、航运等综合功能。枢纽工程主要由重力拱坝、泄水建筑、右岸引水式水电站和左岸垂直升船机组成。

图 10-1　隔河岩大坝近景

如图 10-1 所示,其中泄水建筑集中布置于大坝河床中部,溢流前缘长度为 188m。共设 7 个表孔、4 个深孔和两个兼作导流的放空底孔。表孔堰顶高程 181.8m,孔口尺寸为 12m×18.2m。深孔孔底高程 134m,孔口尺寸为 4.5m×6.5m。底孔孔底高程 95m,孔口尺寸为 4.5m×6.5m。各式孔口均采用弧形闸门控制操作,并在其上游设平板检修闸门。隔河岩大坝坝体剖面图见图 10-2。

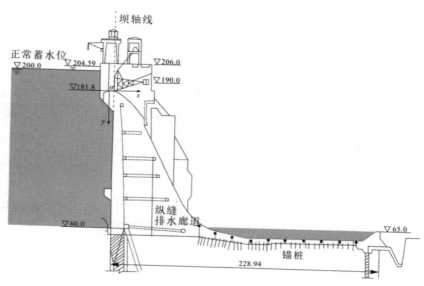

图 10-2 隔河岩大坝坝体剖面图

10.2 实验方案

本实验主要对坝体进行长时间连续监测,雷达设备安装于大坝下游左岸、距离坝体约 1km 处,导轨安装基本处于水平状态,雷达视线中心朝向坝体右侧,坝体与右岸边坡均处于雷达最优视场范围内,如图 10-3 所示。实验小组从 2013 年 7 月 27 日 8:24 开始进行连续监测,至 2013 年 8 月 2 日 11:08 结束,一共采集 GBSAR 影像 1330 景,雷达设备的主要参数见表 10.1。监测过程中,受强降雨、雷电等恶劣天气影响,以及设备自身故障等原因,出现了若干次监测中断的情况,详情参见表 10.2。

表 10.1   雷达设备参数

名 称	数 值
导轨长度	2m
中心频率	16.75GHz

续表

名　　称	数　　值
最大监测距离	1.3km
极化方式	VV
带宽	300M
距离向分辨率	0.5m
方位向分辨率	4.4mrad
仰角	0°

表 10.2　　　　　　　　　　　　数据采集中断情况

序号	采集中断时间	中断原因	中断持续时间
1	2013.07.29　20：33	雷阵雨	2h59min
2	2013.07.30　10：19	设备故障	1h1min
3	2013.08.01　04：17	设备故障	2h51min
4	2013.08.01　23：21	雷阵雨	7h10min

　　由于大坝坝体为混凝土结构，坝体周边山体植被覆盖物较少，因此，在雷达照射下坝体具有较强的热信噪比（TSNR），从图 10-4 可以看出，大坝坝体散射信号较强，TSNR 值均在 25dB 以上，部分坝段反射信号大于 40dB。从信噪比图中可以隐约分辨出坝体结构：7 个表孔闸门由金属制造，散射信号最强。监测区域的高信噪比能够对地基 SAR 长时间连续监测提供较好的数据基础。

图 10-3　雷达安装位置及大坝坝区监测范围

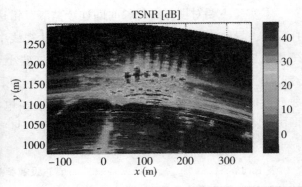

图 10-4　大坝坝体上热信噪比图

　　监测数据时序分析流程如图 10-5 所示。

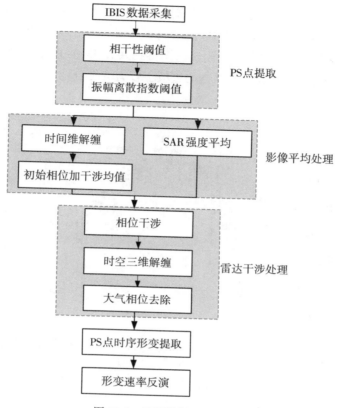

图 10-5　监测数据处理流程

10.3　实验结果分析

10.3.1　影像相干分析与 PS 点提取

　　由于大坝垂线监测是从 31 日上午 8 点开始的，因此，为了便于结果的验证，本书选取了采集时刻为 31 日 8：00 以后的 GBSAR 数据共 457 景进行大坝变形分析。监测时段内，由于受到天气及设备自身原因出现若干次监测中断，因此，有必要分析是否受此影响出现低质量的 SAR 影像，利用影像低阈值 0.56 剔除了时序中相干性较差的 3 幅影像，最终保障整体较高的相干均值，如图 10-6 所示。

　　图 10-7 为时序影像各像元的相干均值频数直方图，可见大多数像元时序相干均值大于 0.55，并且少部分大坝坝体的像元相干均值高于 0.9。本实验采用双阈值提取 PS 点，考虑到数据质量以及点位分布，利用 5×5 的窗口统计相干性，设定相干阈值为 0.8 且振幅离散指数为 0.3。图 10-8 为 PS 点提取结果，双阈值法可以较好地去除虚假信号，保留较

高的时空相干点。从图 10-9 可见，提取的 PS 点信噪比均在 25dB 以上，基本提取出各坝段上高信噪比点位。图 10-10 与图 10-11 分别为提取 PS 点离散指数直方图以及相干性均值直方图，可以看出离散指数直方图中大多数 PS 点在 0.2 附近，相干均值直方图中大多数 PS 点主要位于区间 [0.9，1] 内。经过计算得到共 2733 个 PS 点，约占所有像元总数的 5%，点位主要分布于大坝与坝肩两侧的边坡，较为均匀合理。

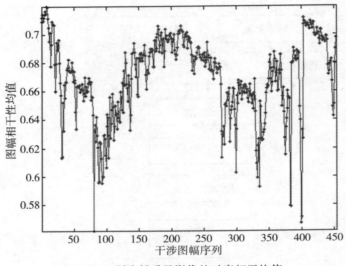

图 10-6 剔除低质量影像的时序相干均值

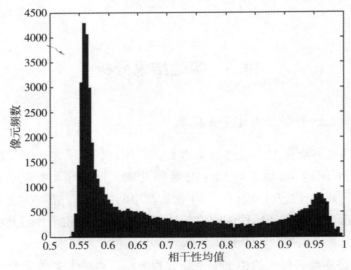

图 10-7 影像所有像元的相干直方图

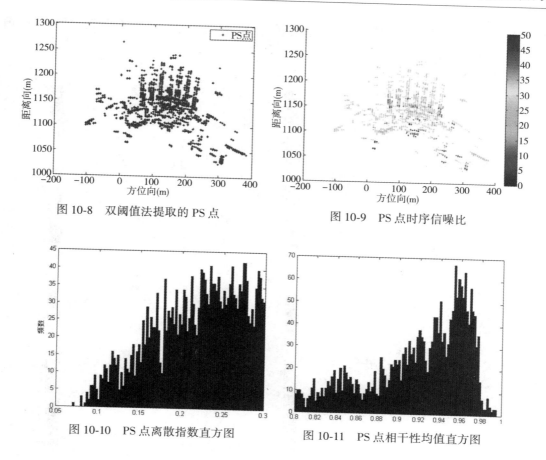

图 10-8 双阈值法提取的 PS 点

图 10-9 PS 点时序信噪比

图 10-10 PS 点离散指数直方图

图 10-11 PS 点相干性均值直方图

因监测时段跨越三天时间，数据量较大且天气情况变化较为剧烈，在时序干涉处理前为提高运行效率，降低噪声相位的影响，确保在较短的时间间隔内场景不会发生较大变化，本实验对时序 SAR 影像采用时序上的"多视"，即选取连续观测的 5 个相邻影像干涉取平均，不仅可以减少随机噪声对相位的影响，也可以提高时序解算效率。

10.3.2 大气相位拟合与坝面形变分析

GBSAR 数据监测时间跨度大，气象变化剧烈，利用稳定区的 PS 点对每个干涉影像间的大气相位进行拟合，图 10-12 为 7 月 31 日当天不同采集时刻 PS 点处的拟合得到的大气相位值，尤其在中午时段大气相位影像十分剧烈，在时序上的相位变化较大。

经过大气相位去除后，能够得到大坝表面的形变信息，为更好地分析大坝空间形变特点，选取不同时刻获取得到的大坝表面 PS 点形变信息来描述其形变过程，如图 10-13 所示。在整个观测时段内，从 7 月 31 日 8：06 起大坝表面表现比较稳定，整个大坝形变均在 0.5mm 以内，当日晚 21：38 坝体中上部产生了超过 0.5mm 的形变，其他坝段较为稳定；从 8 月 1 日 00：41 起大坝坝体上部的变形逐渐增加，部分 PS 点形变接近 2mm，当日到 20：48 时，大坝的坝中整体出现了近 2mm 的形变，到 8 月 2 日 7：05 时，形变倾向逐渐减弱，在大坝垂直方向，可以观察到整体形变趋势由顶部到下部逐渐减少；随后大坝整

体自 8：47 后较为稳定，少数 PS 点可能受观测噪声影响较大，形变量受残余的环境影响
出现不一致的情况。

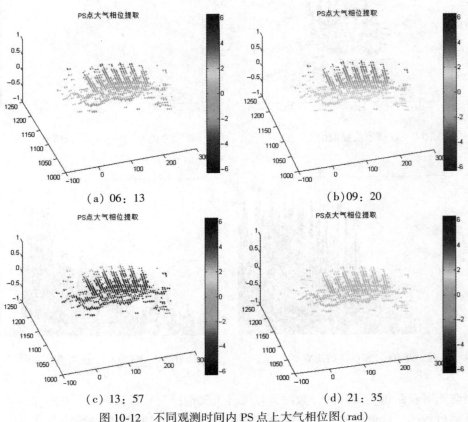

图 10-12　不同观测时间内 PS 点上大气相位图（rad）

10.3.3　垂线数据比较与坝体变形分析

图 10-14 为监测同时段大坝倒垂观测结果，由于数据量较大且不易进行分析，因此将
所有测量数据依照采集时序进行线性拟合，得到监测时段内大坝不同部位的形变速率。该
数据为大坝 15 号坝段的监测结果，根据对应的高程信息，形变速率自底部到顶部分别为
0.054mm/d，0.058mm/d，0.069mm/d，0.173mm/d，0.054mm/d，从数据可以得知大坝
变形整体呈现层状分布，坝中上部变形最大，坝底与坝顶较小。由于倒垂监测数据是以坝
底为基准的变形结果，因此雷达视线向的形变数据需要减去坝底底部的视线向形变值，本
书将 15 号坝段底点半径为 3 像元范围内的 PS 点平均形变值作为坝基点自身位移。为使提
取结果易与垂线结果进行比对，本研究利用线性回归分析方法将大坝表面形变值与监测时
序进行线性拟合，得到了整个坝体表面的形变速率反演结果，如图 10-15 所示。表 10.3
为本书将提取坝体的形变速率与垂直法监测得到的线性速率进行对比验证的结果。

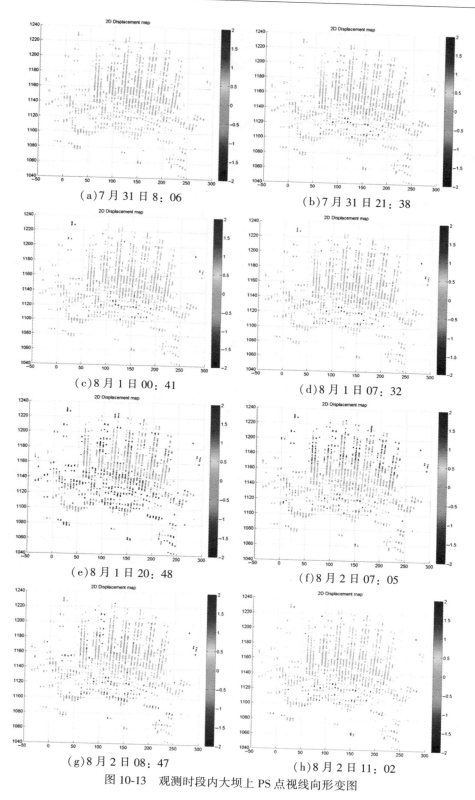

(a)7月31日8：06

(b)7月31日21：38

(c)8月1日00：41

(d)8月1日07：32

(e)8月1日20：48

(f)8月2日07：05

(g)8月2日08：47

(h)8月2日11：02

图 10-13　观测时段内大坝上 PS 点视线向形变图

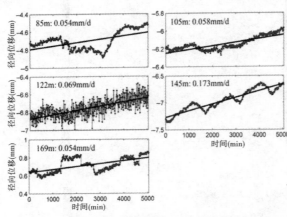

图 10-14　垂线监测数据拟合的线性形变速率

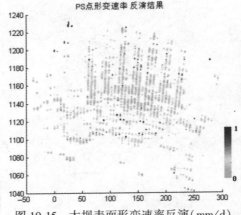

图 10-15　大坝表面形变速率反演（mm/d）

表 10.3　　　　　　　提取坝体的形变速率与垂线法得到的线性速率结果对比

坝面高程	垂线结果（mm/d）	本书方法（mm/d）
169	0.054	0.066
145	0.173	0.256
122	0.069	0.142
105	0.058	0.103
85	0.054	0.0341

　　由表 10.3 可知，本实验得到的大坝表面变形监测结果与观测得到的垂线法结果基本一致，但其中坝高分别为 122m 与 105m，与实测稍有偏差，该处可能与大气噪声没有完全去除有关，并且本实验采用邻域平均的方法得到对应的监测结果，可能会带入质量不好的 PS 点进行计算，因此结果可能产生一定的偏差。总体来说，基于 GBSAR 长时序大坝监测方法得到了较好的监测结果，能够较准确地提取大坝坝面的形变特征，为大型工程的安全监测及管理提供了依据。

第 11 章　滑坡监测应用

滑坡是一种主要的地质灾害，它的演化是一个动态的过程，每年都会造成巨大的财产损失，甚至会威胁人类的生命安全。城市的扩张和山区土地利用极大地增加了山体滑坡的发生概率。通过相应的监测系统，可以减少滑坡造成的损害。监控系统有助于预测区域的演变，从运动学角度分析灾害机理，进而找到滑坡成因。传统的监测技术，如倾角仪、引伸计或 GPS 网络能够获取滑坡区监测点的形变信息。然而近些年来，星载或地基合成孔径雷达干涉测量已被证明是滑坡监测更为有效的工具。该技术能够大范围非接触地获取形变图，高精度地获取整个区域沿传感器目标视线(LOS)向的位移值。

11.1　Carnian Alps 滑坡

研究的滑坡对象位于意大利东北部的 Carnian Alps（图 11-1）。所涉及的斜坡主要由白云岩和钙质三叠系构造组成，这些构造位于由冰碛和碎石坡面沉积物构成的覆盖层下面。滑坡的体积大约为 2400 万立方米，可以定义为具有多个破坏面的旋转岩块滑坡。滑坡体周边有一条受损国道和一条在建的隧道。如果该区域发生突然坍塌，必须考虑在斜坡底部

图 11-1　山体滑坡的卫星影像（较暗的轮廓突出了山体滑坡的活动部分，
三角形代表本地 GPS 监控网络点）

流动的河流上进行筑坝维稳。因此，为了更好地评估滑坡灾害并确定其演变，早期采用的是常规调查(例如测斜仪和 GPS 测量)，本次采用了地基合成孔径雷达技术对滑坡体进行形变监测。

11.1.1　测区概况

滑坡区位于卡阿尔卑斯山脉尼亚地区狭窄深谷的左侧，从海拔 1200 米延伸至河床，面积 4.1 公顷，体积约为 2450 万立方米。该滑坡由于其历史演变漫长，因此，滑动状态较为复杂。据航空遥感像片勘察与解译，位于 Mt. Tinisa 南侧的巨大休眠滑坡向东发展了大约 2.5 千米(图 11-1)。

Carnian Alps 区域的特点是其存在向南的推力，它将碳酸盐岩单元叠加在年轻的高度破碎地层之上。在冰川时期，Tagliamento 河谷的深化以及冰川应力导致了 Clap di Lavres 的东南面出现了巨大滑坡。其主剪切面受上述 NE 趋势向的滑断层控制(图11-2中的方向 1)。由于石膏和黏土层的逐渐减弱，过度破裂和水渗透等，导致了滑坡被重新激活。由于存在横向约束和河流侵蚀，导致滑块的移动改变了方向。近些年来它沿着多滑动表面(图 11-2 中的方向 3)在朝向谷底的南北方向上发展。尽管含水量和所涉及材料的可塑性增加了斜坡的不稳定性，石膏和黏土上存在白云石和石灰石而引起的加载现象使其完全重塑化是导致其变形的主要因素。

图 11-2　滑坡的发展(1—2：初始阶段，3：现状)

在 20 世纪 90 年代早期，在这段路段开始建造一条 2 千米长的公路隧道，以绕过岩石坠落危险区域。在隧道施工期间，滑坡的活动状态变得明显。隧道在距离东入口最初 300m 处开始出现越来越严重的破坏，并影响到了隧道施工进度。

11.1.2 滑坡形变监测方法

GBSAR 的基本原理与星载 SAR 类似，但它能够通过固定在地面上轨道的运动合成沿轨道孔径。GBSAR 易于安装，观测几千米距离内的斜坡，分辨率远高于星载 SAR。此外，可以在相同视角下短时间内获取大量图像，因此能够监测快速移动的滑坡。传感器连续工作几天，获得了滑坡区的位移图。

由于要进行非连续 GBSAR 监测，在对设备进行重轨误差校正的同时，还必须考虑时间去相关和大气校正。为此设计了天线导轨支架，专门用于确保仪器能够准确重定位，从而实现零基线配置(图 11-3)。就时间去相关而言，可以利用永久散射体(PS)技术进行处理。

图 11-3   监测中的 GBSAR 仪器(上图为雷达与场景；下图为传感器)

11.1.3　GBSAR 监测和数据处理

1. GBSAR 监测

在 2004 年 12 月 15 日和 2005 年 7 月 6 日进行了两次 GBSAR 测量，每次测量持续两天。对于每次测量，仪器安装在特殊支架上，以便减少重轨误差。顾及视场角及稳定性，对监测点进行了勘察选址。从 GPS 基准点 PM11 和距离雷达位置几米处的倾角钻孔 PC5、PC4 数据一起进行分析(见图 11-4)。从 2003 年春季到 2004 年 12 月，进行了 5 次倾斜读数和 4 次 GPS 测量，显示无明显变形。

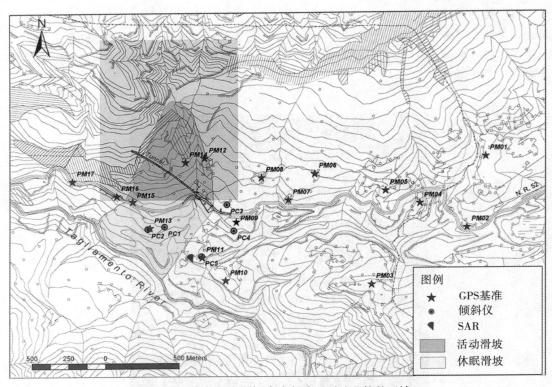

图 11-4　滑坡监测系统(灰色框表示雷达监控的区域)

表 11.1 为二次监测所采用的参数值。采样时间是收集单个图像所需的时间。距离分辨率为 5m，沿轨道分辨率为 0.8 弧度(对应于 1km 距离处的约 15m)。

表 11.1　　　　　　　　　　　　　　　**GBSAR 测量参数**

测量参数	
极化	VV
目标距离	2000m

续表

测量参数	
发射功率	20dBm
带	30MHz
中心频率	5.85GHz
发射频率数	801
线性扫描长度	1.8m
线性扫描点数	161
天线增益	15dB
测量时间	30min

2. GBSAR 数据处理

采集到的 GBSAR 数据经过成像处理后，可由 1∶5000 比例尺地图生成数字三维模型。利用影像的强度信息对 GBSAR 影像进行时序统计分析。在整个可用图像集中发现相干的像素，如图 11-5 所示。影像中大约有 20% 的像素具有较强的反射信息，大多数相干点位于 Clap di Lavres 东南面的底部。在发生了第一次坍塌之后，从地质和地貌证据中可以认为是稳定的。

为消除每个干涉图的大气相位，本次监测采用 Noferini 等(2005)的大气延迟相位模型。由于模型基于大气延迟相位与距离成正比，因此在距离 r 处的大气相位可表达为：

$$\varphi_{atm} = c_0 + c_1 \cdot r + c_2 \cdot r^2 \tag{11-1}$$

其中系数 c_i 是根据在选定的稳定点集合上观测相位估计得到的。在当前情况下，本监测所选取的固定点在图 11-5 中用黑色×字标出。

最终的 LOS 位移图是通过对所有干涉图求平均得到的，并且它受到相位模糊的影响，然后通过离散点的相位解缠以估算出准确的位移值。

11.1.4 实验结果分析

GPS 数据分析的结果有效地证实了滑坡运动学假设，表明滑坡动态地以恒定速度(3cm/yr)进行移动。根据 2002 年 12 月至 2005 年 7 月的 GPS 数据，活动滑坡上出现了明显的平面位移，从最大约 9cm 到最小 6cm(由 PM16 记录的 1.5 年内移动了 3.6cm，为了准确地评估不稳定区域范围，在滑坡活动体的边缘安置了几个监测点(PM06，PM07，PM08，PM09，PM10，PM11)。其中，只有 PM06 和 PM08 记录了明显的平面位移。虽然这些移动非常缓慢，但 PM06 在 1.5 年内移动了 2.7cm，而 PM08 在 2 年内移动了 4.8cm。其余基准测试结果与预期一致。这证实了 GPS 网监测结果是可靠的，与测斜仪测量值一致，该测量仪仅在钻孔点 PC1，PC2 和 PC3 中记录了显著的变形(参见图 11-7)。

图 11-6 显示了 Clap di Lavres 七个月时间流逝中发生的实际地形 LOS 运动的最终三维地图。在从山面塌陷的钙质块上观察到有效位移大约为 2cm。

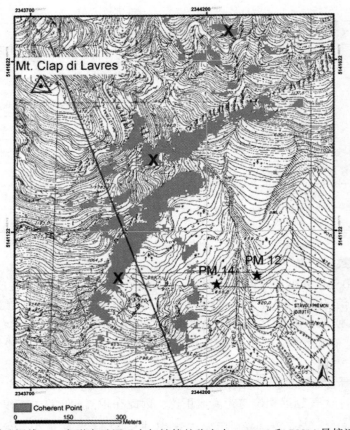

（图中直线代表雷达视线，✕字形表示用于大气补偿的稳定点，PM12 和 PM14 最接近雷达两基准点）

图 11-5　地理编码后的 GBSAR 相干点

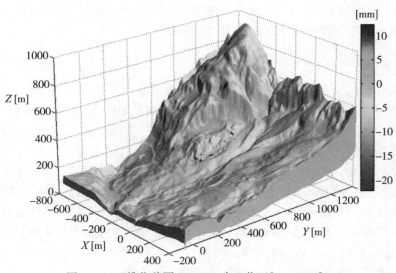

图 11-6　三维位移图（GBSAR 中心位于[0，0，0]）

　　为了验证结果，使用了 GPS 网络收集的数据。在同一时间间隔期间，最接近相干区域的 GPS 监测点，图 11-5 中所示的 PM14 和 PM12，测量的位移一度沿着雷达视线投射，达到 1.9cm（见表 11.2）。

表 11-2　　　　　**2004 年 12 月至 2005 年 7 月期间由常规监测手段记录的位移**

基准	位移［m］					精度［m］			
Point id.	ΔN	ΔE	ΔH	3D polar	LOS	σN	σE	σH	$\sigma 3D$
PM12	0.0094	0.0058	0.0432	0.0446	-0.0195	0.0060	0.0045	0.0121	0.0142
PM13	0.0134	0.0101	-0.092	0.0191		0.0042	0.0038	0.0105	0.0120
PM14	0.0160	-0.0017	0.0154	0.0223	-0.0195	0.0053	0.0034	0.0113	0.0130
PM15	0.0044	0.0011	0.0031	0.0055		0.0034	0.0030	0.0090	0.0101

　　此外，由于前几年收集的数据证实整个滑坡以几乎相同的速度移动，因此结果也与 GPS 监测点 PM13、PM15 的位移进行了比较（表 11.2）。两次 GBSAR 观测结果具有明显的一致性（见图 11-7），其中在 1m 深度处 PC1，PC2，PC3 的 GPS 监测点处和测斜仪测量结果显示，在监测周期内存在平均 1.3cm 的形变率。

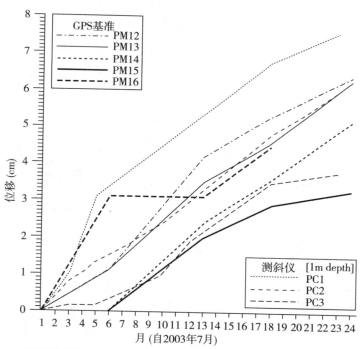

（钻孔数据深度为 1m，用于与 GPS 监测表面位移值进行比较）

图 11-7　传统监测系统在 2 年监测期间的测量位移

11.2　Vallcebre 滑坡

Vallcebre 滑坡是一种活跃的滑坡,对地下水位的变化非常敏感。这种滑坡的主要特点是几何形状简单与低速,易于采用仪器监测,且可以进行机械和水文建模来再现边坡行为。在已有的研究当中,Vallcebre 滑坡采用了不同手段进行监测,如精确差分 GPS 测量,钻孔线伸长计和星载 InSAR 技术。GBSAR 是近些年来广泛应用于滑坡监测的技术,本节主要阐述GBSAR 在 Vallcebre 滑坡监测中的应用。

11.2.1　测区概况

Vallcebre 滑坡为活动范围较大的平移滑坡,位于西班牙巴塞罗那以北 125km 的东比利牛斯山脉的 Llobregat 河上游流域(图 11-8)。它的平均倾斜度约为 $10°$。滑坡长 1200m,宽600m,面积 $0.8m^2$。滑动的部分由一组页岩、石膏岩、粉砂岩和黏土岩层组成,它们在厚厚的石灰岩上滑动。该沉积层形成于上白垩统-下古新世时代,其轴线几乎向下方倾斜。滑坡体主要包括粉质黏土岩层和石膏晶状体。

此滑坡由三个活动单元组成。每个单元都有一个平缓的坡面,在其头部以几十米高的陡坡为界。较低的单元是最活跃的单元,大多数表面变形区都位于滑动单元的边界处,具有明显的横向剪切面和张力裂缝。每个滑动单元头部陡峭部分的底部也存在着相应的裂缝。相比之下,在滑坡单元内,地面仅有轻微陡坡且周边少数农舍的墙壁出现了一些裂缝,周边的几条穿越山体的隧道同样也面临着滑坡的隐患。

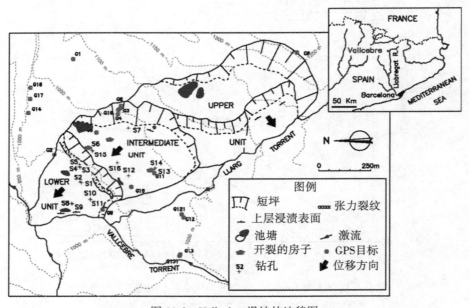

图 11-8　Vallcebre 滑坡的地貌图

11.2.2　滑坡形变监测方法

由于滑坡位移较大,本次监测中采用 GBSAR 图像振幅数据和特定目标的图像匹配技术来获取形变位移。监测活动中采用了人造角反射器(CR)来提取兴趣点的形变信息。

数据处理流程如图 11-9 所示,在不同时间(主和从)收集的相同区域的两个图像用于在子像素级别进行估计,进而估算出 P 到 P' 的位移矢量(S_x, S_y)。这里的主要步骤简要描述如下:

(1)数据采集:数据采集是利用 GBSAR 连续获取 N 景影像。在每次监测安装GBSAR仪器的同时,也在稳定和不稳定兴趣区布置一组人工角反射器 CR,并获取K个复数 SAR 影像对。

(2)数据预处理:对每个复数 SAR 影像对执行此步骤。首先对每幅采集到的 SAR 复数影像进行质量检测,去除那些因噪声影响严重的异常影像;然后对 $Q \leqslant K$ 的影像子集进行时间滤波,其目的是通过减少斑点噪声进而提高影像信噪比。

(3)影像配准:对主从影像对(i, j)执行配准操作。利用稳定区内的 CR 来消除由于重轨误差造成的像点失配准。

(4)位移估算:利用上一步获取的重轨误差纠正 GBSAR 影像,然后再对影像中逐点(i, j)求取相干系数,进而估算距离向与方位向的像素偏移量 l_r 与 l_a。

(5)时序位移的估计:对所有复数影像对执行此步骤,进而估计所有相干点的时序位移。时序估计算法通过迭代最小二乘(LS)估计算法,估算出距离向与方位向的时序位移。

值得注意的是,在某些条件下,SAR 图像幅度分量的使用可以克服上述干涉法的局限

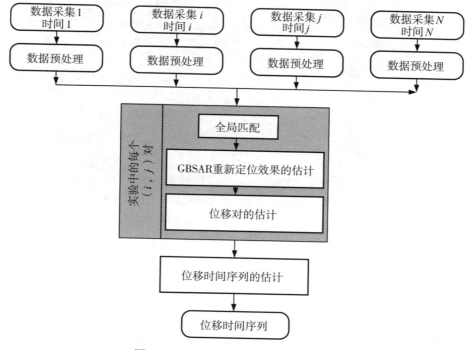

图 11-9　GBSAR 像素偏移法处理流程

性。在这方面,非干涉测量方法的主要优点是:①能够准确地进行位移估计;②该方法中大气效应的精度影响小,故可以忽略不计;③它可以在距离向和方位向上进行二维位移测量。此外,利用人工角反射器 CR 可以实现精确和可靠的偏移量估算,结合 SAR 影像的幅度信息进行高精度配准,最终可以估算出所有兴趣点的位移值。参考监测区域内布设 CR 点,利用本方法能够计算出每个像点在距离与方位两个方向上的时序位移。

通常利用峰值-背景比(Peak to Background Ratio, PBR)参数来评估测量的质量。已有研究证明在位移估计上需要大于 30dB 的 PBR 才能获得 1/50 像素的精度。考虑到本次监测中的 GBSAR 设置参数,1/50 像素的精度代表 1cm 的形变精度。

11.2.3 实验结果分析

图 11-10 为监测区域的场景图,其中滑坡的活动部分由黑线标出。灰点代表在不稳定区布设了 11 个 CR,而 4 个白点代表参考 CR。在进行 GBSAR 测量的同时,利用传统的测量方法与 GBSAR 结果进行对比验证。在 GBSAR 的相同位置架设全站仪,以毫米精度测出雷达中心到 CR 的距离。与此同时,保证全站仪的测量角与 GBSAR 视线向相平行。

(白点表示 CR 位于稳定区域,而灰点表示部署在滑动区域的 CR(黑线圈出))

图 11-10 Vallcebre 滑坡区上布设 CR 的点位

在监测期间使用了两种不同类型的 CR。对于前四次实验,使用 30cm 大小的三面体 CR,这里称为"第一代 CR"(图 11-11(b)),只需用油漆在石头上标记每个 CR 的位置即可进行定位。由于目标传感器距离有限,CR 的测量精度无法达到最佳,即不可能获得所需的 30dB 强度值。如表 11.3 所示,2010 年 7 月 至 2010 年 9 月监测期间,尽管 CR 的反射强度值相对较低,但是其中一半的测量误差约为 1cm,而另一半的测量误差大于 2cm,经分析,这些误差可能源于配准误差和重轨误差。

　　为了改善该方法的性能,监测后期又研制出新的 CR,即"新一代 CR"。它们由 50cm 的正方形三面体和底座组成(图 11-11(c))。CR 的基部机械地固定在地面(例如岩石巨石)上,每次仅需拆卸安装 CR 头。"新一代 CR"可以显著减少重轨误差,并获得更高的反射信号,如表 11.3 所示,在 2010 年 11 月至 2011 年 1 月、2011 年 1 月至 2011 年 4 月监测期间,所有 CR 的强度值都大于 30dB。在这种情况下,与 EDM 的比较显示仅有一个误差大于 1cm,并存在一个异常值(CR09)可能是由全站仪棱镜的重置误差引起的。在不考虑 CR09 的情况下,GBSAR 均方差为 0.7cm。

图 11-11　(a)本监测中使用的 GBSAR 系统的图片;(b)"第一代 CR";(c)"新一代 CR"

表 11.3　　　　　**Vallcebre 监测点上的三次测量后 GBSAR 结果及 EDM 结果对比**

	CR	目标传感器距离(m)	EDM 实测位移(cm)	GBSAR 实测位移(cm)	GBSAR 误差(cm)	PBR(dB)
时期:07/2010—09/2010 (第一代 CRs)	CR03	532.0	−4.2	−7.0	*2.83*	27
	CR04	523.5	−4.3	−5.5	*1.17*	20
	CR05	546.0	−4.3	−5.5	*1.17*	20
	CR06	600.5	−3.9	−9.4	*5.48*	24
	CR07	619.5	−4.4	−5.5	*1.07*	21
	CR08	526.5	−3.5	−3.1	*−0.38*	20
	CR10	441.0	−2.2	−4.7	*2.49*	21
	CR12	530.5	−4.4	−4.7	*0.29*	27
	CR14	524.5	0.3	0.8	*−0.48*	14
时期:11/2010—01/2011 (新一代 CRs)	CR01	507.0	−3.7	−4.9	*1.26*	34
	CR03	533.0	−4.2	−4.2	*−0.03*	33
	CR05	543.5	−4.1	−2.6	*−1.49*	31
	CR06	600.0	−3.9	−3.4	*−0.51*	33
	CR09	445.5	−4.7	−9.6	*4.94*	33
	CR10	440.5	−3.7	−3.4	*−0.31*	32
	CR11	482.0	−4.3	−4.9	*0.66*	35
	CR12	530.5	−5.0	−4.9	*−0.04*	33
	CR14	523.5	0.4	−0.3	*0.67*	34
	CR15	707.5	0.6	−0.	*0.87*	33
	CR16	466.5	0.0	0.5	*−0.47*	34
	CR17	832.5	−2.3	−2.6	*0.31*	30

续表

CR	目标传感器距离（m）	EDM 实测位移（cm）	GBSAR 实测位移（cm）	GBSAR 误差（cm）	PBR（dB）
CR01	507.0	9.8	−8.9	*−0.88*	34
CR03	533.0	−10.6	−10.1	*−0.57*	34
CR05	543.5	−10.6	−10.1	*−0.57*	34
CR06	600.0	−9.0	−9.7	*0.65*	35
CR09	445.5	−8.5	−8.9	*0.36*	34
CR10	440.5	−8.0	−7.2	*−0.86*	34
CR11	482.0	−9.9	−10.4	*0.52*	35
CR12	530.5	−11.4	−11.2	*−0.20*	34
CR14	523.5	0.7	0.9	*−0.18*	34
CR15	707.5	0.8	0.1	*0.70*	36
CR16	466.5	0.9	0.1	*0.80*	34
CR17	832.5	−1.8	−1.1	*−0.75*	31

时期：01/2011—04/2011（新一代 CRs）

　　图 11-12 显示了 2010 年 2 月至 2010 年 9 月期间 CR 的 LOS 位移矢量估计的观测区域的航拍照片，图 11-13 显示了在 2010 年 2 月至 2011 年 9 月期间所有的监测中重新定位的 8 个 CR 的时序位移。在此期间，测量最大的 LOS 位移点为 CR12，其位移达到 80.1cm。从时序位移上可以看出，这些运动在时间上大致是线性的，位移趋势于 2010 年 7 月至 2011 年 1 月期间减少，随后又增加。这种现象可能是排量减速期间水位降低所导致的。

图 11-12　2010 年 2 月至 2010 年 9 月期间监测区域的航空照片以及人工 CR 的累积位移矢量

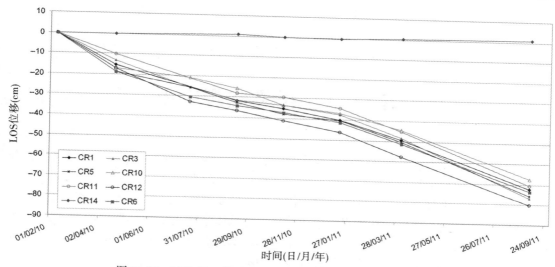

图 11-13　2010 年 2 月至 2011 年 9 月期间 8 个 CR 的时序位移

基于像素偏移的 GBSAR 监测方法利用了 GBSAR 图像的幅度分量，而不是使用传统的干涉测量方法。此方法克服了 GBSAR 干涉测量存在的局限性，例如相位模糊和大气效应，并且能够有效地对慢速滑坡进行非连续监测。

Vallcebre 滑坡监测的经验表明，非干涉的 GBSAR 监测方法具有厘米精度和远程监测的潜力。相关的结论可归纳为以下几点：①全站仪测量证实了那些 PBR 高于 30dB 的 CR 监测精度为 1cm；②在 2010 年 2 月至 2011 年 9 月期间，GBSAR 测量结果显示位移高达 80cm；③使用 GBSAR 和引伸计获得的结果具有高度的一致性；④地貌分析证明了在滑动区和滑坡不同区块内测得的相对位移是一致的。

第12章　桥梁监测应用

桥梁是交通的枢纽，关系到社会经济发展的命脉。但桥梁结构在长期使用中难免会发生各种各样的变形损伤，造成桥梁结构抗力衰减和安全隐患。通过对桥梁的变形及早、准确地监测，利于更好地保护和维护桥梁。传统的变形监测技术是利用全站仪和电子水准仪进行测量布控点的平面坐标和高程来累积数据进行总体分析。然而，由于桥梁比较高，使用传统的方法操作复杂、工作量大。近些年来，地基雷达干涉测量技术具有大范围、远距离、高精度监测的能力，正好弥补了传统方法的不足。

12.1　香港汀九桥和青马大桥

本节主要以香港汀九桥(TKB)和青马大桥(TMB)两个大跨度桥梁为例，通过利用真实孔径地基雷达系统 GPRI 揭示由风、公路和铁路的载荷等原因引起的桥梁变形，验证该技术对桥梁监测的适用性。

12.1.1　桥梁概况

汀九桥是香港的一座长斜拉桥，跨度为 1177m，这座桥将新汀九与青衣连接起来。桥面为三线双程分隔快速公路。车速限制每小时 80km。汀九桥使来自新界西北部的车辆，能方便和快速地到达青屿干线的青马大桥及汲水门大桥，通往大屿山和香港国际机场。作为 3 号公路的一部分高速公路，它是香港交通负荷最重的桥梁之一。在这个测量中，地基雷达设备安置在汀九桥桥下，遥测距离如图 12-1(d)所示，为 80~500m。

青马大桥是一座长悬索桥，主跨 1377m。这座桥是香港主要的交通干线之一，是市中心区与大屿山之间的车辆和火车的唯一通道，上层甲板有六条公路，下层甲板有两条铁路车道。与汀九桥相比，影响青马大桥稳定性的因素要复杂得多。除了风和车辆交通因素之外，由甲板下频繁经过的列车引起的变形对桥梁运动也起到重要作用。本次监测活动中，雷达仪器于 2016 年 3 月 28 日部署在青衣大厦下方，如图 12-1(g)所示，在 80~1500m 的测量范围内，采用 FAS 监测模式。

12.1.2　汀九桥形变监测

本次监测，GPRI-II 安置于汀九一侧附近的桥下，扫描距离为 80~500m，如图 12-1 所示，旋转方位扫描(RAS)和固定方位扫描(FAS)两种数据工作模式均用于监测风和车辆驱动而引起的桥梁变形。在这两种情况下，雷达天线都以 30°的仰角观测，影像采集完成后应用 GAMMA 软件获得差分和沿轨道干涉图。

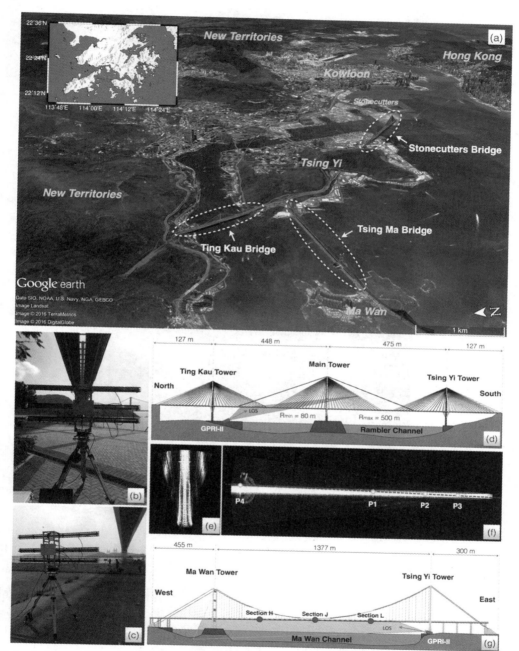

图 12-1 （a）监测中两座桥梁的位置；（b）在汀九桥的一侧设立的地基雷达系统 GPRI；（c）在青衣大厦
下方设立地基雷达系统 GPRI；（d）汀九桥实验的空间几何关系；（e）汀九桥的雷达强度图像；
（f）青马大桥的雷达强度图像，其中 P1，P2，P3 和 P4 分别是中跨的 1/2，1/4 和 1/8 的位置，
以及马湾大厦的位置；（g）青马大桥实验的空间几何关系，其中 L，J 和 H 是 GPS 站的位置；
（e）和（f）中的红线表示 FAS 监测的成像方向

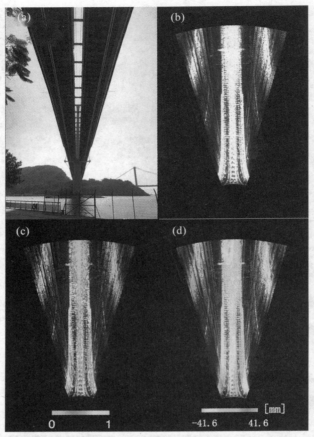

图 12-2　RAS 监测模式下的形变结果。(a)雷达监测的目标区域；(b)雷达强度图像(时间：07：10：53)；(c)相干图；(d)形变图(时间：07：10：53—07：10：56)。解缠参考点选在近距离中心处

1. RAS(旋转方位扫描)桥梁监测

通过方位角扫描构建图像旋转角度为 40°。对于 GPRI-II，方位角扫描仪能够将仪器旋转 360°，步长约为 0.1°/s。出于这个原因，RAS 模式也可用于大面积静态监控。RAS 模式下的桥梁位移图如图 12-2(d)所示，表示测量结果沿 LOS 方向的变形从−49.4mm 变化到 29.5mm。应该注意的是，桥梁区域外出现一些对称分布的不规则信号。一般来说，不应该有任何散射区域外的散射体。不规则信号可能是由水的多路径效应引起的反射。因此，需要进一步研究如何避免多路径效应，以适应在水域附近进行桥梁监测的情况。

2. FAS(固定方位扫描)桥梁监测

GPRI-II 的 RAS 模式适用于大面积慢速的监测目标。但是，对于快速的形变体，如桥梁的风力变形和高层建筑，更适用于 FAS 模式。由于 GPRI-II 超高的时间采样率，可以对动态目标实施近实时的变形监测，并且无需相位解缠。在这次测量中，从上午 08：05：09 到 08：46：59 在 RAS 模式中获取了 41 影雷达图像，仅 40s 就可采集一幅影像(图 12-3)。因此，干涉图中的方位线表示 10ms 时间内的雷达回波间隔。

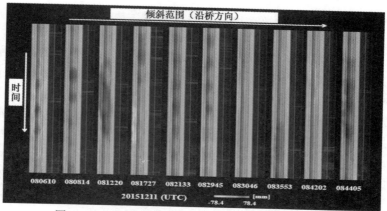

图 12-3　FAS 监测模式下的形变图(采样间隔为 40s)

　　图 12-3 为 FAS 模式下的 10 个形变位移图,揭示了桥梁不同的变形原因,包括自然振动、风力以及桥面负载。图 12-3 中,由第一幅干涉图可以看出,桥面甲板(背面)的形变值最高达 25.4mm(远离雷达中心)和 74.2mm(朝向雷达中心)。这些结果表明,桥梁形变在空间和时间上都具有规律性(见图 12-4)。

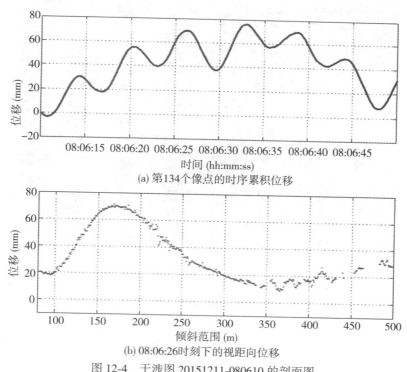

(a) 第 134 个像点的时序累积位移

(b) 08:06:26 时刻下的视距向位移

图 12-4　干涉图 20151211-080610 的剖面图

　　汀九桥监测实验中,从 08:05:09 到 08:46:59(UTC)间歇性地采集到 41 景雷达影像。

为了获得较高信噪比的雷达图像,将雷达方位角设定为 20°,并将采样率从 2000 Hz 降低到 100 Hz。

图 12-5(a)和(b)显示了获得的原始干涉图,采样时间为 08:06:10(监测起始时刻)。由于雷达的视线向不完全沿桥体中心轴向,如图 12-1(e)所示,是沿着从桥梁甲板的左侧到主塔中心的连线。图 12-5(a)和(b)左侧的密集条纹主要是由桥面板的变形引起的,而中部的条纹是由主塔的振动引起的。得到干涉图后,沿着时间序列逐点地进行一维相位解缠。得益于较高的采样频率,大部分桥梁的回波信号都较强且连续,在解缠处理时利用掩膜的方法避免了噪声信号很大的影响,并利用概率统计的方法去除了少许解缠异常值。

由于该地基 SAR 为真实孔径雷达系统,采用单发双收的三天线形式工作,发射天线为 TA,上部接收天线为 UA,下部接收天线为 LA。在大多数情况下,LA 的干涉相位与 UA 的结果基本一致。如图 12-5(c)~(e)所示,在相位解缠后,由于 LA 和 UA 接收的 SLC 图像的强度不同,可能是由于两天线接收的影像强度信息不一致造成的。图 12-5(f)显示了 LA 和 UA 相位解缠后的差异。图 12-5(g)可以得到两天线融合后的干涉图,用于最终累积位移图的生成。

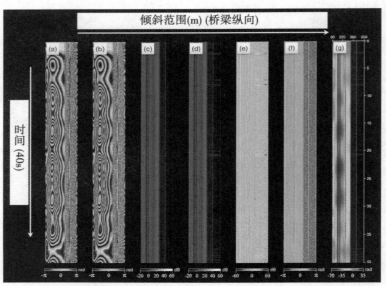

(a)LA 获取的干涉图;(b)UA 获取的干涉图;(c)来自 LA 的强度图像;(d)来自 UA 的强度图像;(e)来自 LA 和 UA 的强度图像之间的差异;(f)解缠结果之间的差异;(g)下部和上部干涉图积分的展开相位

图 12-5　采样时刻为 08:06:10 的汀九桥形变结果

如图 12-6 所示,从 41 张位移图中选出这 10 张作说明,结果揭示了不同原因造成的桥梁变形,包括自然振动、风力以及重型车辆通行引起的形变。图中显示了随时间不同,地基雷达系统能够高精度地获取桥体上发生的时序形变。图 12-6(a)~(f)主要显示了桥梁在风力作用下的形变。结果显示,监测期内桥体的振荡频率是不同的,且最大波动幅度在

80mm 左右。图 12-7(a) 和(b)分别为采样时刻为 08:31:47,08:43:04 桥面与主塔点的时序形变结果，监测期内主塔相对稳定。此外，可以从结果中检测到一些非常小的变形，可能是当时通过的重型车辆引起的变形。由图 12-6(g)~(i)可以清晰地看出一辆重型车辆驶过了桥梁的状态，该车辆方向是从近处(汀九侧)移动到远处(主塔侧)。

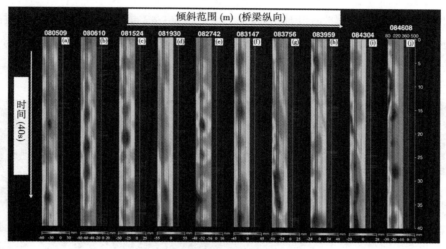

图 12-6　汀九桥位移图

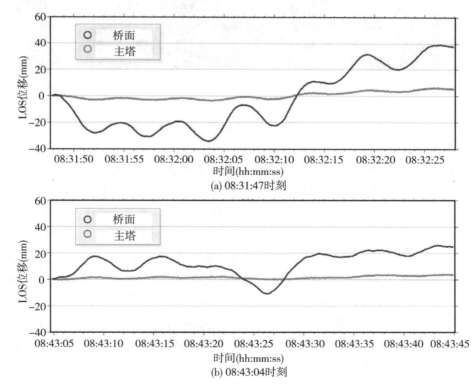

图 12-7　汀九桥甲板和主塔上监测点的 LOS 位移

12.1.3　青马大桥形变监测

本次监测采用 FAS 模式采集数据，从 06:16:10 到 09:05:15 间歇性地获取了 104 个雷达图像，每 60s 采样一景雷达影像，方位向采样频率约为 100 Hz，方位向采样间隔为 0.01 s。FAS 数据采集快速，能够实时地确定桥体的形变方向及大小。在青马大桥的 FAS 数据处理中，相位通过平均处理以降低噪声。测量中共 42 景雷达影像因受到过往列车和大轮船通行引起遮挡而造成破坏。图 12-8 比较了使用两个不同参考基准产生的 6 个干涉图，可以清晰地看到因驶过的列车而造成的干涉条纹。

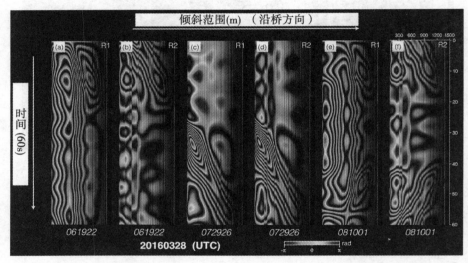

（a）、（c）和（e）是用第一范围轮廓作为参考产生的干涉图；（b）、（d）和（f）是用平均范围轮廓作为参考产生的干涉图

图 12-8　通过使用两个不同的参考范围轮廓产生的 TMB 的干涉图

相位解缠后，就能够利用上下两天线使用组合干涉图法获取形变结果。监测结果如图 12-9(a)～(f)所示，其中(a)表示桥体无列车驶过；(b) ～(c)为桥体上有一列火车正在驶过；(d)～(f)为两列火车相向行驶过桥体。位移从近雷达端到远端变化，这意味着一些列车正在移动。当只有一列火车通过桥梁时，最大 LOS 位移向雷达端移动约 90mm，当两列火车相遇时，最大 LOS 位移值达到 150mm。对于由列车驶过而引起的变形，实际的平面位移 d_{lon} 和 d_{lat} 是很小的。在大多数情况下，桥体的形变为视线向的位移 d_{LOS}，平面位移仅会发生在某些特定情况下，如列车不均匀运动、轮轨接触面不平顺、曲线运动路径上的离心载荷等，而以上情况通常是极少发生的，因此本测量忽略了纵向 d_{lon} 和横向 d_{lat} 位移分量。假设桥面和雷达之间的距离 52.378m 为常数，青马大桥的监测结果可以由视线向转换为竖直方向，如图 12-9(g)～(l)所示，同时与图 12-9(a)～(f)对应的桥体四个监测点的时序位移图可参见图 12-10。由图 12-11 可见该大桥在某些时刻下的瞬时垂直位移，能

够清晰分辨出桥体的三种状态分别为：无火车、一列火车驶过和两列火车驶过。为了定量评估铁路载荷引起的桥体位移结果，本监测采用 GPS 观测的统计结果作为参考。如图 12-11所示，在桥上只有一列火车和两列火车在桥上相遇的两种情况下，GPRI 观测的最大向下垂直位移与同期 GPS 的观测结果一致。

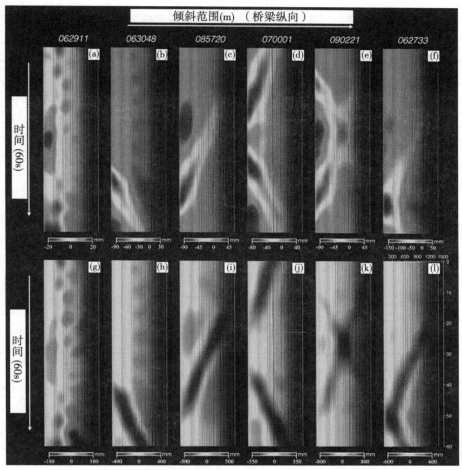

（a）~（f）为 LOS 位移；（g）~（l）为垂直位移

图 12-9 TMB 的位移图

12.1.4 结论

本监测通过 GAMMA 公司的地基真实孔径雷达系统 GPRI，实现了利用微波雷达干涉测量方法动态监测大跨度桥梁。香港汀九桥的实验结果表明，位移主要是由风力和车辆通行引起的，而青马大桥的变形主要与过往的火车有关。尤其是在香港青马大桥的测量中，进行了近似实时动态的形变监测研究。实验详尽地展示了大桥在不同荷载状态下的桥梁形变结果，显示了地基雷达干涉测量系统作为一种新型的大地测量技术在大型桥梁形变监测中的潜在实用价值。

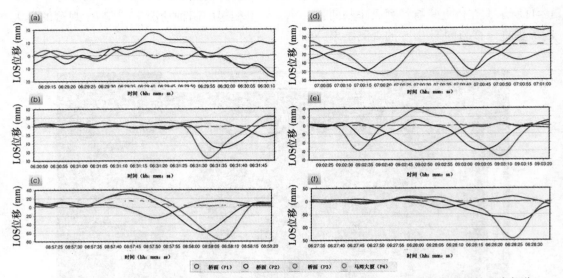

图 12-10　四个选定点的 LOS 位移(分别为接近中跨的 1/2，1/4 和 1/8，以及马湾大厦的下半部分)

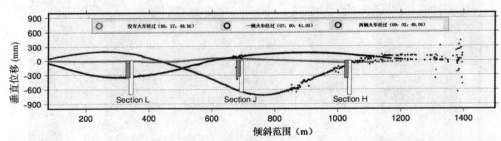

图 12-11　青马大桥的垂直位移在 06：27：49.56(没有火车经过)，07：00：41.00(一辆火车经过)，09：02：49.06(两辆火车经过)时刻。灰色和白色条分别表示当一列火车到达时与两列火车在桥上相遇时 GPS 测量的最大垂直位移

12.2　Capriate 桥梁监测

12.2.1　Capriate 桥梁概况

Capriate 桥位于卡普里亚特(Capriate)和特雷佐(Trezzo)(距米兰约 50 千米)之间的阿达河(Adda River)上，该桥的结构如图 12-12 所示。这座桥总长度为 113.3m。桥梁的平衡悬臂大约为 47.2m，由一个简单支撑的嵌入式梁(18.9m)连接。

12.2.2　桥梁监测方法

本测量主要是对桥体的振动进行监测，观测期间于桥面上布设了 WR-731A 电子传感器，每个传感器都备有独立的电源。通过这些传感器，能够快速地记录振动的频率及速度，第一次测量用来计算加速。在第二次测量中，雷达传感器和传统传感器同时使用，地基 SAR 安置于 Trezzo 侧码头的地下室附近。

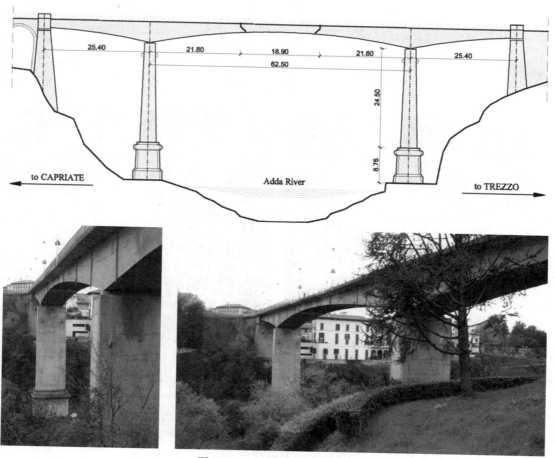

图 12-12 卡普里亚特桥梁图

利用地基雷达系统 IBIS-S 监测桥梁的目的有两方面，首先，针对地基雷达获取的大桥数据确定桥体与像点间的对应关系，进而研究与传统加速度计记录的观测点间的对应关系；然后，利用 WR-731A 传感器记录的速度值要与由雷达获取的位移换算出的速度进行精度验证，将从雷达信号中观测得到的共振频率和振型与加速度计换算的相应量进行比较。

图 12-13 显示了垂直加速度计布局的示意图，其中观测点 TP5~TP6，TP21~TP22 处设置为垂直加速计的参考点。为精确地将地基雷达与加速计观测点进行对应，本测量中将人工角反射器安置在尽可能靠近桥面下方加速度计的位置（见图 12-13、图 12-14）。实验中传统的加速计采样率为 200Hz，IBIS-S 的采样率设置为 100 Hz，观测场景最远距离雷达中心约为 100m。

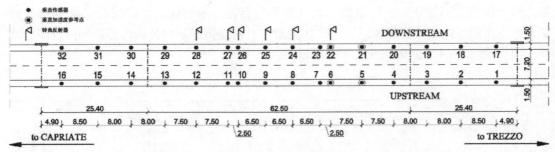

图 12-13　Capriate 桥上布设的传感器(以 m 为单位)

图 12-14　安装在 Capriate 桥上的加速度计和角反射器

在雷达采集数据之前，首先利用加速度计的数据对桥体进行了主振型分析。在 ARTeMIS 软件中实现频域分解(FDD)技术进而完成主振型识别，结果表明在 0~10Hz 的频率间隔中有 4 种模式，图 12-15 展示了已识别出的振动模式。在振频为 2.617Hz 时，桥体垂直向振动模式是对称的；在振频为 3.164Hz 时，桥体垂直向振动模式出现两个平衡悬臂的异相弯曲，从而使下沉部分桥梁几乎处于刚性运动；在振频为 6.641Hz 时，桥体出现扭转模式；在振频为 8.086Hz 时，相应的模式显示一个完整的波形。

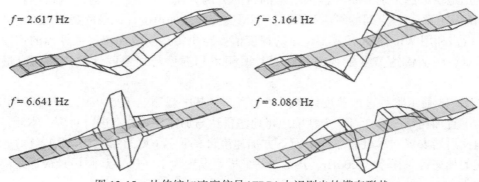

图 12-15　从传统加速度信号(FDD)中识别出的模态形状

12.2.3 从雷达传感器获得的结果

如上所述，在桥梁进行第二次振动测试时在桥面下方安装了 6 个反射器，对应观测点 TP22，TP24~TP28（如图 12-13 所示），并尽可能靠近加速度计位置（图 12-14）。图 12-16 为桥体各部在雷达影像中的幅值，能够从若干峰值中清晰地标记出人工角反射器的位置以及具有强反射信号的其他点位。

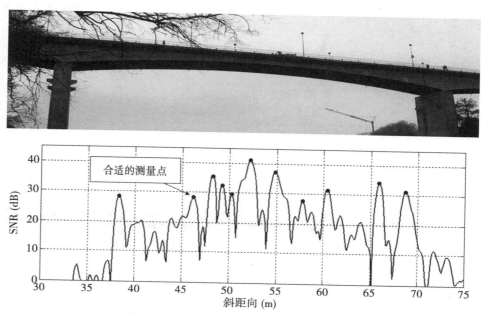

图 12-16　IBIS-S 采集到 Capriate 桥反射强度

由图 12-17 可见 IBIS 系统在 TP25 点处获取的时序位移图。值得注意的是，基于众所周知的理论模型，位移信号与预期非常相似，即由峰值和阻尼谐波函数的叠加组成。利用 IBIS 的位移信息，可以分别计算桥梁上行驶的汽车和卡车的速度，也可以获取短期和长期桥体变形的统计分布。随后，将由 IBIS-S 观测的位移换算到的速度值与 WR-731A 传感

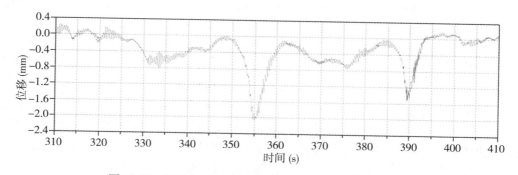

图 12-17　观测点 TP25 地基雷达 IBIS-S 获取的时序位移图

器直接记录的速度值进行定量分析。图 12-18 描述观测点 TP22 上两种传感器的监测结果，（a）为常规传感器的测量结果，（b）为 IBIS 系统由位移计算得到的速度值。可以看出两个结果具有高度的一致性，微小的差值可能与两传感器不同的信噪比有关。图 12-19（a）~（d）分别为 TP22，TP24，TP25 和 TP26 点位上的监测结果，可以清晰地看出，地基雷达与常规传感器观测结果具有高度的一致性。

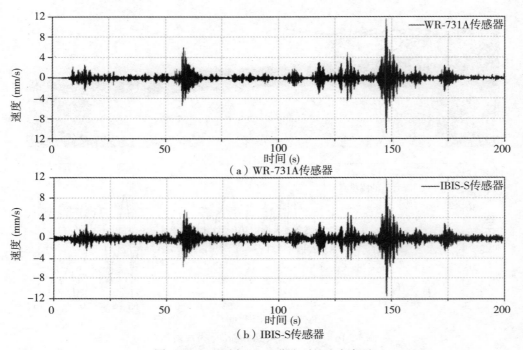

图 12-18　观测点 TP22 获取到的速度序列

最后，将从雷达信号中识别出的共振频率与主振型同加速度计中换算得到的相应参数进行对比。首先，利用 FDD 技术从雷达传感器中获取速度值，进而求解出相应的模态参数。对比结果表明：两种方法的频率差异小于 0.90%，参见图 12-20。此外，标准化主振型的分析结果也表现出高度的一致性，更进一步证明地基雷达具有高精度地对于大型建筑体进行健康监测的能力。

12.2.4　结论

地基雷达 IBIS-S 测量系统专为远程非接触式变形监测而设计，可以在不需要在目标体上安装传感器或标靶的情况下，进行高精度高采样频率地完成远距离监测任务。在某些特殊情况下，可以通过布设人工角反射器来对某些兴趣点位进行重点监测。IBIS-S 设备具有较高的便携性，且易于装卸，能够全天时全天候地进行连续监测，可以同时观测天线波束照射区域中多个点的时序位移，适用于条带状或线状建筑体的健康监测。

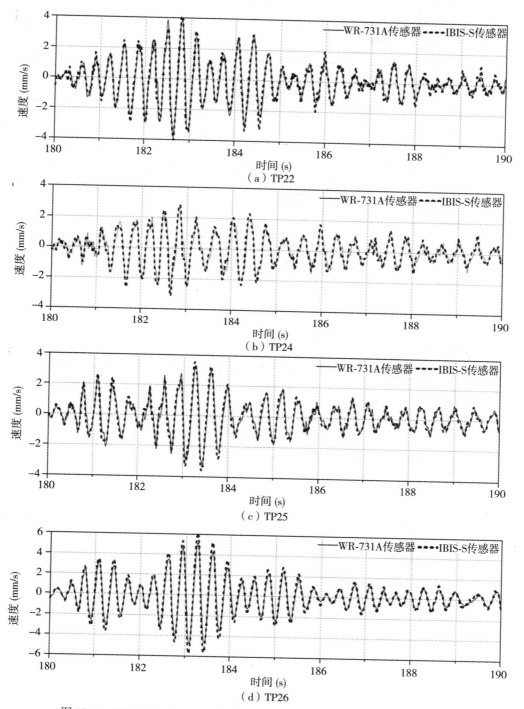

图 12-19　WR-731A 和 IBIS-S 传感器在桥面不同观测点获取的速度值对比

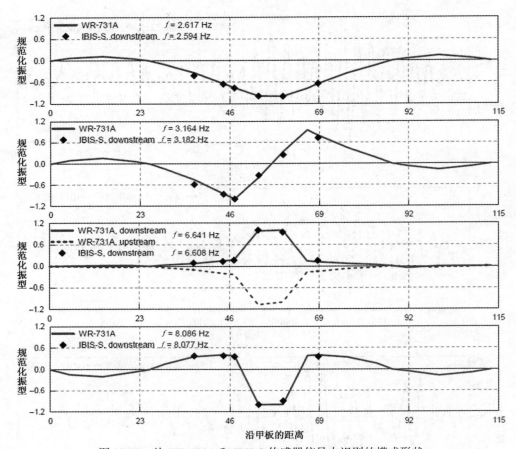

图 12-20　从 WR-731A 和 IBIS-S 传感器信号中识别的模式形状

第13章 矿山监测应用

矿产资源是人类社会生存和发展的重要物质基础，作为国民经济的基础产业，提供了我国所需近95%的能源、近80%的工业原料和近70%的农业生产材料，为满足人民日益增长的物质生活、支持经济高速发展提供了广泛的资源保障。然而，矿产资源的大量快速开采势必会造成岩层破坏、水土流失，打破原本已经趋于平衡的状态，造成一系列诸如塌陷、滑坡、崩塌、地裂缝、地面沉降和地面积水等矿山地质灾害。矿山地质灾害不仅影响矿产资源的开采，还严重威胁到矿山工作人员的人身和财产安全。

露天开采是一种资源利用充分、回采率高、贫化率低的开采模式，已经成功应用于全国五大露天煤矿。露天矿山边坡在受到内部主控因素和外部诱发因素的影响下，易发生滑坡、崩塌等矿山灾害，给矿山工作人员带来严重的威胁，其与火山喷发、地震一起成为全球三大地质灾害。应用地基雷达微小形变监测系统对露天矿边坡进行形变监测，可以对监测区域的地表形变实施实时监测，监控监测区域的形变情况，进而保障矿区生产活动顺利进行。

13.1 安家岭矿区监测与分析

13.1.1 测区概况

安家岭露天煤矿位于山西省朔州市平鲁区，地处北纬39°26′03″~39°29′43″和东经112°20′52″~112°26′22″，东西宽约7842m，南北长约6556m，总面积约28km²，隶属于平朔矿区，是中煤平朔煤业有限责任公司下属的三大露天煤矿之一，横跨安家岭和安太堡二号两个勘探区。

研究区域属于山西黄土高原朔平台地之低山丘陵，全区多为黄土覆盖，区内黄土台地曾经受强烈的侵蚀切割作用，加之区内植被稀疏，形成梁、垣、峁等黄土高原地貌景观。沟谷发育，呈"V"字形，切割深度40~70m。区内地形基本呈北高南低之趋势，中部高，两边低。自北而南，以古文梁、红色梁、疙瘩上、庙梁、长征梁、兔儿梁、大岭梁一线为本区马关河与马营河之分水岭。区内最高点位于北部的石峰，海拔1537m，最低点位于本区南部薛高登村正西的马关河，海拔1213m，最大相对高差324m。根据本节研究对象安家岭北帮边坡的数字高程模型分析，边坡最高海拔1441m，最低海拔1193m，该边坡的最高海拔和最低海拔高差是248m。安家岭北帮边坡形貌如图13-1所示。

153

图 13-1　安家岭北帮边坡形貌

由于安家岭露天矿煤层埋藏深度较浅，目前是平朔矿区生产能力较强的露天矿。由于在安家岭露天矿区域的早期开采中，主要以小煤窑开采为主，残留了各种不规则的地下洞室和开采巷道，随着露天矿开采过程中剥采深度的不断加深，潜在的采空区严重影响了露天矿区的安全。

13.1.2　监测数据

监测分析中用到了地基雷达形变监测数据、监测区域遥感影像以及监测区域人工测量数据三种数据，下面对这些数据进行分析说明。

1. 地基雷达形变监测数据

该数据采集于 2015 年 1 月 1 日早上 8 点 23 分，利用 IBIS-M 型地基雷达微小形变监测系统，对平朔安家岭露天矿北帮边坡进行了观测，共获得被监测区域的 35064 个点的形变信息。此次观测中，地基雷达设备与被测边坡距离为 1828～2633m，距离向分辨率为 0.5m，角度向分辨率为 4.4mrad，采样间隔为 10min，测量精度为 0.1mm。

地基雷达监测主要包括以下几种数据：Export-DTM，Export-ESRI，Export-Points cloud，Export-Polygons。选取 Export-Points cloud 为形变分析数据。图 13-2 为地基雷达采集的监测区域形变点云。

2. 监测区域遥感影像

为使露天矿边坡形变监测数据可视化效果更加直观，具有更加丰富的地表形态和地表覆盖特征信息，收集了监测区域 1m 分辨率的正射影像图，影像获取时间为 2014 年 12 月。

该遥感影像数据含有监测区域丰富的地表形态信息，可以为监测工作人员提供分析参考，并可将地表覆盖等特征信息与地基雷达监测形变信息、人工测量高程数据信息进行综合分析。图 13-3 为监测区域遥感影像。

图 13-2　地基雷达采集的监测区域形变点云

图 13-3　监测区域遥感影像

3. 人工测量数据

为了能更形象地表达测区的地形起伏情况，于 2014 年 12 月对测区人工进行了高程测量，并建立了测区数字高程模型。利用监测区域的人工测量高程数据生成 TIN 数据，将高程信息叠加到地基雷达形变监测数据上，为监测人员的形变分析提供帮助。

13.1.3　形变分析

1. 形变特点

在通常情况下，露天矿边坡滑坡体的发生是从其底部开始变化并横向发展的，当底部形成一定的轮廓后，其上部才开始变形，累积到一定的量后，最终发生滑坡；滑坡发展过程中，在临近发生滑坡的前几天，可以通过底部较大的形变量聚集区域初步判断出滑坡的轮廓范围；在滑坡区域轮廓基本确定后，从地基雷达形变监测整体形变量图中不易发现明显变化，此时该区域的单点和区域形变量和形变速率曲线数据更能反映出滑坡的发展情况。因此，此阶段应结合地基雷达单点和区域形变监测数据来判断滑坡灾变的扩散面积和发展趋势。

2. 分析方法

整体形变监测数据可以宏观掌握监测区域的形变程度和灾变范围，但缺乏对局部灾变区域的趋势以及发育特征的掌握；相反，通过区域形变监测数据和单点形变监测数据可以精细掌握局部灾变扩散范围，预判灾变发生时间和灾变发展趋势。因此，结合整体形变监测数据、区域形变监测数据以及单点形变监测数据三种数据，从不同视角对监测区域进行灾变分析的方法可以提高对地基雷达监测数据的有效利用率，提高对灾害变化的掌握程度。根据地基雷达采集的形变监测数据资料，结合地基雷达单点形变数据、区域形变数据以及整体形变数据对监测区域进行灾变分析研究，可以精确计算灾变区域面积以及初步判断灾变趋势和发生时间。图 13-4 为基于地基雷达形变监测数据的形变特征分析方法流程图。

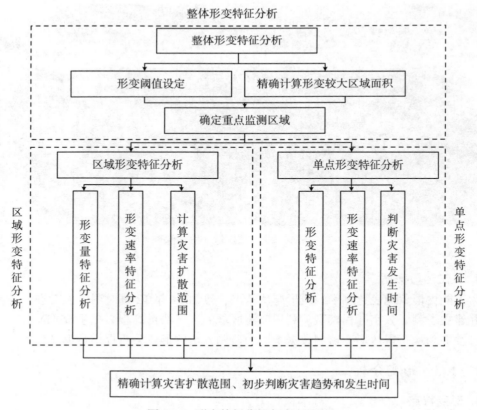

图 13-4 形变特征分析方法流程图

13.1.4 数据处理

将 DEM、RS 和形变数据进行数据融合，可实现地表三维可视化，其过程主要包括三个步骤：DEM 数据的生成、空间校正处理和地基雷达点云形变数据叠加高程信息。

1. DEM 数据的生成

由于露天矿的开采造成的边坡数字高程模型的变化，需要对开采区域边坡每月进行坡顶坡底线人工高程测量，该测量成果可以提供矿区边坡的最新高程信息。利用最新的人工测量高程数据生成矿区边坡的 DEM 数据，可为地基雷达露天矿边坡形变监测数据融合三维可视化的实现提供基础。图 13-5 所示为利用人工测量获取的等高线数据生成的矿区监测区域边坡数字高程模型。

图 13-5 矿区监测区域边坡数字高程模型

2. 空间校正处理

首先将 DEM 数据同监测区域遥感影像进行空间校正处理。将 DEM 数据作为进行空间校正处理的基准要素，遥感影像则作为被校正要素。空间校正方法选择仿射变换法。选取监测区域边坡的东侧部分作为研究数据，实现地基雷达矿区形变监测可视化。经空间数据校正后得到的遥感影像区域如图 13-6 所示。

图 13-6 经空间数据校正后的遥感影像区域

将监测区域的遥感影像叠加在生成的 TIN 数据上，监测区域遥感影像结合了人工测量数据中的高程信息后，可视化效果更加逼真，能够显示边坡地表覆盖等特征信息以及地形起伏信息，有利于监测人员直观地分析监测区域地表的变化情况，如图 13-7 所示。

图 13-7　叠加数字高程信息的遥感影像效果图

3. 地基雷达点云形变数据叠加高程信息

将人工测量数据中的高程信息叠加到地基雷达形变点云监测数据中，使地基雷达监测数据具有相应的高程信息，这样为地基雷达形变监测提供了监测区域的地形起伏信息，提高了地基雷达监测使用效率。图 13-8 为叠加数字高程信息的形变监测效果图。

图 13-8　叠加数字高程信息的形变监测效果图

三种数据经过数据预处理后，地基雷达采集的监测区域形变点云数据、生成的 DEM 数据以及监测区域的遥感影像数据等三种数据在 ArcScene 三维环境下进行数据融合，生成最终的地基雷达三维可视化应用效果，该可视化效果应用了遥感影像的地表特征信息、人工测量高程数据中的 polyline 属性字段中的高程信息和地基雷达监测边坡的各个点的形变值信息。

13.1.5   实验结果分析

应用 IBIS-M 型地基雷达对露天矿边坡进行监测，地基雷达系统准确监测到监测区域的东中部于 2011 年 5 月 11 日发生了小型滑坡。

为了在将来更好地应用地基雷达对滑坡进行监测预警，将此次滑坡区域的数据进行灾变时空变化分析，希望能够从中找出滑坡发生时地基雷达数据表现出的规律和特点。结合 IBIS-M 型地基雷达的监测数据特点和数据可视化方式，整体形变特征分析是一种较直观的灾变分析方法，根据监测数据中形变较大区域的扩散来对该区域进行灾变分析判断，分析其灾变发生的可能性。

本次发生滑坡的位置如图 13-9 中圈所示，下面通过多期地基雷达形变监测数据分析在滑坡前的一段时期内该位置的变化情况。图 13-9(a) 中显示该滑坡区域在 4 月 23 日—4 月 25 日处于稳定状态，未发生明显的形变。图 13-9(b) 中显示该区域基本处于稳定状态，只是在发生滑坡区域下方局部小区域零星发生位移情况。图 13-9(c) 中显示该区域基本处于稳定状态，只是在滑坡发生区域下方局部小区域有位移情况，且与 4 月 27 日的情况相比，发生形变区域的范围和形变程度均有所扩大。图 13-9(d) 中显示该区域基本处于稳定状态，只是在先前发生位移区域的扩散已经较大，且基本可以连成一条线。同时，在该区

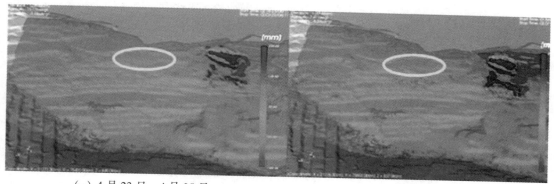

(a) 4 月 23 日—4 月 25 日   (b) 4 月 23 日—4 月 27 日

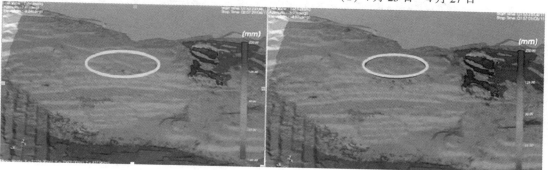

(c) 4 月 23 日—4 月 29 日   (d) 4 月 23 日—5 月 1 日

图 13-9   区域扩散灾变分析图(1)

（e）4 月 23 日—5 月 2 日　　　　　　　　（f）4 月 23 日—5 月 3 日

（g）4 月 23 日—5 月 4 日　　　　　　　　（h）4 月 23 日—5 月 5 日

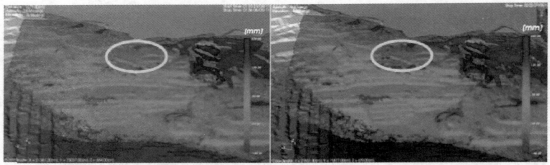

（i）4 月 23 日—5 月 6 日　　　　　　　　（j）4 月 23 日—5 月 7 日

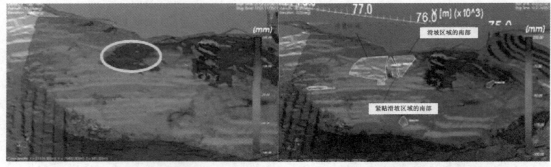

（k）4 月 23 日—5 月 11 日　　　　　　　　（l）4 月 23 日—5 月 16 日

图 13-9　区域扩散灾变分析图（2）

域以上的水平处,也开始有位移的情况出现。图 13-9(e)中显示该区域位移区域扩散范围和程度均已经较大,且基本可以连成一条线。同时,在该区域以上的水平处,位移量也在不断增大。图 13-9(f)~(j)中显示该滑坡区域的轮廓范围已经基本显现,且范围已经不再横向扩大,只是在该范围内形变程度不断增加以及向滑坡区域上部扩散。在图 13-9(i)中,该区域形变量不断增大,每天形变量与之前相比,有所增大,说明位移速度有所加快。在图 13-9(k)中,先前隐约显现出的滑坡区域轮廓逐渐清晰,在该区域内的点都出现了较大的形变量,形变的不断累积导致了滑坡灾害的最终发生。至此,根据整体形变监测数据特征,在形变量较大的聚集区域初步判断出滑坡灾害的轮廓范围。

13.2 平朔露天矿边坡监测

13.2.1 测区简介

平朔矿区隶属山西省朔州市平鲁区,是我国主要的煤炭生产基地之一,其煤炭资源开发历史悠久,主要开发方式有露天开采、井工开采以及露井联合开采。山西平朔露天煤矿区地处黄土高原晋陕蒙接壤的黑三角地带,位于山西省北部的朔州市平鲁区境内,与晋陕蒙“黑三角”接壤,属“十一五”至 2020 年期间我国煤炭大规模集中开发区域。矿区国家大型露天划分为 3 个矿田,即安太堡露天煤矿、安家岭露天煤矿和东露天煤矿,总面积为 166.60km²,服务年限约 100 年,矿田所处的地理位置、开采的空间范围和矿田服务的时间尺度具有代表性。

矿田境内地势多变,高低起伏变化较大,地形呈北高南低之趋势,中部高,两边低,区内最大相对高差 324.19m。一般海拔在 1300~1400m,沟谷发育,呈“V”字形,切割深度 40~70m。从地貌条件来看应为黄土低山丘陵地带。

为此,研究人员论证了 GBSAR 在露天矿边坡监测中的可行性,并把此技术应用于露天矿区边坡监测,得到和全站仪监测一致的结果,证明了此技术在露天矿边坡监测的可行性。

13.2.2 数据获取

设备安装在监测边坡对面一个稳定的区域,与监测边坡的平均距离为 2050m。雷达波束宽度 35°,保证能够监测整个坡体,在这些条件下,距离向分辨率 0.5m,方位向分辨率介于 7~10m,视线方向监测精度 0.1mm,以 9 分钟时间间隔获取影像,持续观测 40 小时,共获得 266 景影像,组成时间序列像对。

GBSAR 监测期间,采用三维激光扫描仪快速获得坡体精确的 DEM,把后期获得的成果图像投影到 DEM 上,方便确定发生形变的区域。在边坡上安置了 5 个反射片,采用 RTK 测量反射片和 GBSAR 位置,把 DEM 和 GBSAR 统一到同一坐标系中。

为了检核测量精度,GBSAR 监测 20h 后,在坡体左上方有明显位移的区域安置 3 个棱镜,采用全站仪观测,每隔 2 小时测量一次,直至观测结束。

13.2.3　数据处理

采用第一景影像作为主影像，分别和其他 265 景影像做干涉处理，得到 265 个时间段的形变图像。为了得到精确可靠的测量结果，计算像元的相干性，如下式：

$$\gamma = \frac{E(ms*)}{\sqrt{E[\,|m|^2\,]E[\,|s|^2\,]}} \tag{13.1}$$

设置阈值为 0.9 掩盖掉质量不好的点，相干图像如图 13-10 所示，得到了 40000 多个永久散射点。差分干涉处理后得到形变图、形变速度图、每个永久散射点的形变历史曲线和区域形变历史曲线图。

图 13-10　以 DEM 为背景的相干值图像

13.2.4　数据分析

由于短的影像获取时间间隔(9 分钟)，因此，可以忽略坡体介电常数和大气延迟的影响，但是对于突变的天气变化，大气延迟的影响是不能忽视的。得到的差分相位可以依据式(13.2)直接转换为视线方向的形变量：

$$d_{\text{los}} = -\frac{\lambda}{4\pi}\Delta\varphi \tag{13.2}$$

图 13-11 为一个时间序列的 8 幅差分后形变图像，时间范围为 37 小时。形变方向对应着坡度在视线方向的移动，负值表示距离减小，即朝着观测者运动。从图 13-11 可以看出，观测 20 小时之前，整个坡体保持稳定，没有明显的形变区域，20 小时后，坡体左上

角有一个区域出现明显形变，形变区域由中心向外围扩展。图中其他区域也存在零散的形变比较大的点，这是由于 SAR 影像受到斑点噪声的影响造成，因此，仅考虑影像间的相干性选择高质量点是不完整的。

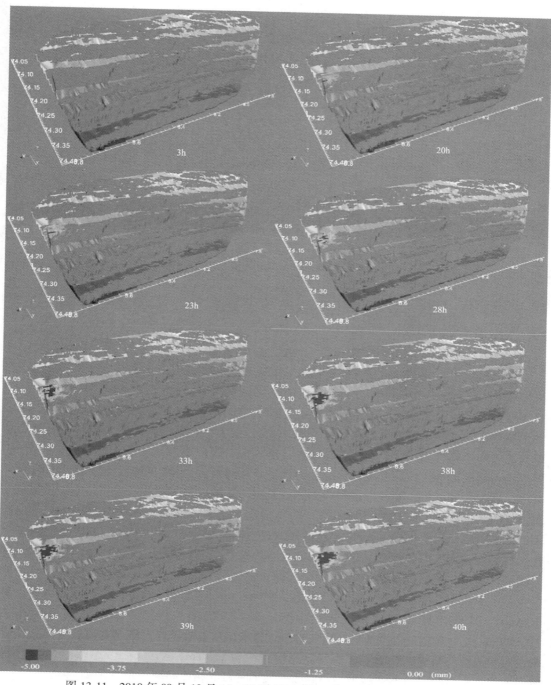

图 13-11　2010 年 09 月 12 日 15：33 至 2010 年 09 月 14 日 06：26 获得的形变

　　为更详细地了解形变区域的运动过程，对形变区域做了时间序列分析，选择区域如图 13-10 所示，对形变区域内所有点的形变量取均值作为区域形变值，可以看出形变量和形变速度都表现出明显的线性趋势，依据形变值得到区域性形变和形变速度图像，如图 13-12 所示，从图可以看出此区域在 40 小时的监测中，总体形变值为 5.08mm，基本保持 −0.026mm/h 的形变速度。同时采用前 30 小时内的形变值做拟合值进行线性回归分析，求出形变方程，后 10 小时的形变值检验拟合精度，拟合中误差为 0.081mm，小于地基合成孔径雷达干涉测量的精度（0.1mm），因此，拟合的线性形变方程是可靠的，可以预测形变值。采用相同的方法拟合了线性形变速度方程。

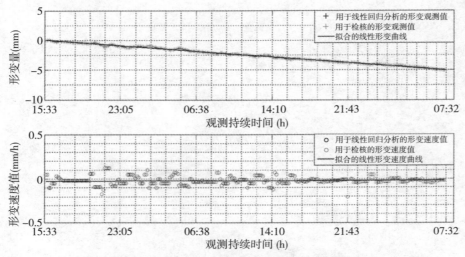

图 13-12　主要形变区域的位移和位移速度时间序列图

　　对形变区域安置棱镜的 3 个点也做了时间序列分析，图 13-13～图 13-15 为各点的形变和形变速度图像，从图中可以看出，点 1、点 2、点 3 三点都表现出线性的形变趋势，但是与区域形变趋势相比，个别时刻存在异常形变值，因此不能采用普通的线性回归分析，再用两种措施拟合线性形变趋势，分别为抗差线性回归分析和时间维低通滤波后线性回归分析，通过比较分析，两种方式都能去除粗差点的影响。地基合成孔径雷达干涉测量的是视线方向的形变值，而全站仪观测得到的是垂直方向的形变值，依据雷达成像的几何关系，虽然可以把视线方向的形变量分解为垂直方向的形变量，但是由于坡体地形的复杂性，得到的垂直方向的形变量存在不确定性，因此，二者得到的结果不可能完全吻合，从图形可以看出，此案例得到的结果基本保持吻合，最大的差值为 0.5mm。从 3 个点分布的位置可以看出，点 1 位于形变区域中心，在 40 小时监测时间段中，形变值较大，达到 6.95mm，其次为点 2 和点 3，分别为 6mm 和 4.79mm；3 个点的形变速度依次为 −0.029mm/h、−0.022mm/h 和 −0.016mm/h。测量结果也可以评定地基合成孔径雷达干涉测量监测边坡的精度，对于区域形变监测精度约为 1.5mm，单点精度为 1.7mm。由于区域形变值是由形变区域形变值平均得到的，故形变监测精度略高于单点精度。

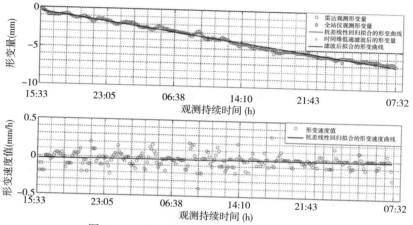

图 13-13 点 1 的位移和位移速度时间序列图

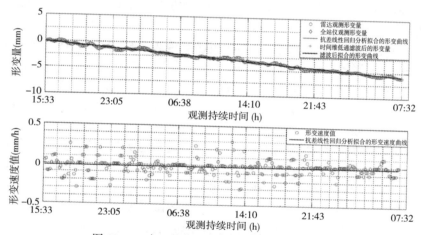

图 13-14 点 2 的位移和位移速度时间序列图

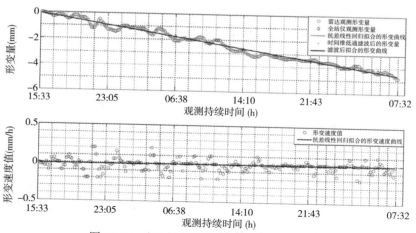

图 13-15 点 3 的位移和位移速度时间序列图

参 考 文 献

[1]保铮．雷达成像技术[M]．北京：电子工业出版社，2005．

[2]曹雪娟，阳凡林，张龙平，等．不同区域范围的二维坐标系转换方法[J]．工程勘察，2013，40(12)：58-63．

[3]陈强，李永树，刘国祥．干涉雷达永久散射体识别方法的对比分析[J]．遥感信息，2008，4：20-23．

[4]陈强，罗容，杨莹辉，等．利用SAR影像配准偏移量提取地表形变的方法与误差分析[J]．测绘学报，2015，44(3)：301-308．

[5]陈强．基于永久散射体雷达差分干涉探测区域地表形变的研究[D]．成都：西南交通大学，2006．

[6]陈显毅．图像配准技术及其MATLAB编程实现[M]．北京：电子工业出版社，2009．

[7]陈艳玲，黄诚，丁晓利，等．星载SAR干涉技术最新研究进展[J]．天文学进展，2006，24(2)：296-307．

[8]董杰，董妍．基于气象数据的地基雷达大气扰动校正方法研究[J]．测绘工程，2014，23(10)：72-75．

[9]董杰．基于抗差估计的坐标重心化转换模型[J]．测绘通报，2012(7)：39-42．

[10]董晓燕，丁晓利，李志伟，等．一种新的SAR像素偏移量估计流程及其在同震形变监测中的应用[J]．武汉大学学报(信息科学版)，2011，36(7)：789-792．

[11]杜孙稳．地基干涉雷达露天矿边坡形变监测数据分析与预测方法研究[D]．太原：太原理工大学，2017．

[12]范景辉，郭华东，郭小方，等．基于相干目标的干涉图叠加方法监测天津地区地面沉降[J]．遥感学报，2008，1：111-118．

[13]郭鹏．GB-SAR在线性构筑物变形监测中的应用[D]．北京：北京建筑大学，2018．

[14]韩静．我国天气雷达和星载雷达的数据匹配及其回波强度订正方法研究[D]．南京：南京信息工程大学，2018．

[15]何宁，关秉洪，齐跃，等．微变形监测雷达在桥梁健康监测中的应用[J]．现代交通技术，2009，6(3)：31-33．

[16]何秀凤．InSAR对地观测数据处理方法[M]．北京：科学出版社，2012．

[17]黄澜心．基于最小二乘的相位解缠理论与算法研究[D]．成都：西南交通大学，2012．

[18]黄其欢，岳建平．基于稳定点加权的GBSAR大气扰动校正方法[J]．西南交通大学学报，2017，52(1)：202-208．

[19]黄其欢,张理想.基于GBInSAR技术的微变形监测系统及其在大坝变形监测中的应用[J].水利水电科技进展,2011,31(3):84-87.

[20]黄其欢.基于稳定点加权的GBSAR大气扰动校正方法[J].西南交通大学学报,2017,52(1):202-208.

[21]蒋厚军.统计费用网络流算法在InSAR相位解缠中的应用研究[D].武汉:武汉大学,2008.

[22]景明,白中科,陈晓辉,等.黄土丘陵区大型露天煤矿地形时空演变分析——以平朔安家岭露天煤矿为例[J].安全与环境工程,2014,21(3):1-6.

[23]雷万明,刘光炎,黄顺吉.基于RD算法的星载SAR斜视成像[J].信号处理,2002(18):172-176.

[24]李海.干涉合成孔径雷达信号处理若干关键问题研究[D].西安:西安电子科技大学,2008.

[25]李俊慧,王洪,汪学刚,等.GBSAR系统的发展及其形变监测应用[J].太赫兹科学与电子信息学报,2016,14(5):723-728.

[26]李俊慧.基于SFCW的GB-InSAR形变监测技术研究[D].成都:电子科技大学,2016.

[27]李平湘,杨杰.雷达干涉测量原理与应用[M].北京:测绘出版社,2006.

[28]李珍照,李硕如.古田溪一级大坝实测变形性态分析[J].大坝与安全,1988(Z1):21-33.

[29]廖明生,林晖.雷达干涉测量——原理与信号处理基础[M].北京:测绘出版社,2003.

[30]刘国祥,陈强,罗小军,等.永久散射体雷达干涉理论与方法[M].北京:科学出版社,2012.

[31]刘建宇,王振伟.复杂地质条件下安家岭矿北帮边坡稳定性评价[J].煤矿安全,2014,45(7):212-215.

[32]龙四春,李陶,冯涛.永久散射体点目标提取方法研究[J].大地测量与地球动力学,2011,31(4):144-148.

[33]卢丽君,廖明生,王腾,等.一种在长时间序列sar影像上提取稳定目标点的多级探测法[J].遥感学报,2008,12(4):561-567.

[34]卢丽君.InSAR影像配准及其并行化算法研究[D].武汉:武汉大学,2005.

[35]罗刊,王铜,李琴.微变形远程监测技术及应用[J].地理空间信息,2009,7(3):135-137.

[36]马飞.InSAR技术及其在矿区大梯度沉陷监测中的应用研究[D].西安:西安科技大学,2013.

[37]苗铁亮.安家岭露天矿边坡地质条件分析[J].露天采矿技术,2015(11):29-31.

[38]皮亦鸣,杨建宇,付毓生,等.合成孔径雷达成像原理[M].成都:电子科技大学出版社,2007.

[39]邱志伟,汪学琴,岳顺,等.地基雷达干涉技术应用研究进展[J].地理信息世界,

2015，22（4）：72-75.

[40] 邱志伟，岳建平，汪学琴．地基雷达系统 IBIS-L 在大坝变形监测中的应用[J]．长江
科学院院报，2014，31（10）：104-107.

[41] 邱志伟，张路，廖明生．一种顾及相干性的星载干涉 SAR 成像算法[J]．武汉大学学
报（信息科学版），2010（9）：1065-1068.

[42] 曲世勃，王彦平，谭维贤，等．地基 SAR 变形监测误差分析与实验[J]．电子与信息
学报，2011，33（1）：1-7.

[43] 屈春燕，单新建，宋小刚，等．基于 PSInSAR 技术的海原断裂带地壳形变初步研究
[J]．地球物理学报，2011，54（4）：984-993.

[44] 石晓进．星载干涉合成孔径雷达信号处理若干问题研究[D]．北京：中国科学院研究
生院（空间科学与应用研究中心），2009.

[45] 宋子超．HHT 方法在地基雷达监测数据处理中的应用[D]．北京：北京建筑大
学，2017.

[46] 陶浩然．基于全极化 SAR 数据的土壤水分反演研究[D]．西安：西安科技大
学，2018.

[47] 陶秋香，刘国林，孙翠羽，等．InSAR 成像原理、工作模式及其发展趋势[J]．矿山
测量，2008（1）：38-41.

[48] 汪鲁才，王耀南，毛建旭．基于相关匹配和最大谱图像配准相结合的 InSAR 复图像
配准方法[J]．测绘学报，2003（4）：320-324.

[49] 汪学琴，岳建平，邱志伟，等．GBSAR 大气扰动误差气象补偿方法研究[J]．勘察科
学技术，2015（5）：34-37.

[50] 王顺达．多站地基雷达车辆目标成像与微动研究[D]．长沙：国防科学技术大
学，2016.

[51] 王彦平，黄增树，谭维贤，等．地基 SAR 干涉相位滤波优化方法[J]．信号处理，
2015，11：1504-1509.

[52] 吴宏安，张永红，陈晓勇，等．基于小基线 DInSAR 技术监测太原市 2003—2009 年
地表形变场[J]．地球物理学报，2011，54（3）：673-680.

[53] 吴侃，黄承亮，陈冉丽．三维激光扫描技术在建筑物变形监测中的应用[J]．辽宁工
程技术大学学报（自然科学版），2011，30（2）：205-208.

[54] 吴中如．高新测控技术在水利水电工程中的应用[J]．水利水运工程学报，2001（1）：
13-21.

[55] 谢雄耀，卢晓智，田海洋，等．基于地面三维激光扫描技术的隧道全断面变形测量
方法[J]．岩石力学与工程学报，2013，32（11）：2214-2224.

[56] 谢云燕．安家岭露天矿南帮边坡不稳定区域防治措施[J]．露天采矿技术，2015（2）：
52-55.

[57] 邢诚，徐亚明，周校，等．IBIS-L 系统检测方法研究[J]．工程勘察，2013，41（12）：
7-40.

[58] 徐进军，王海城，罗喻真，等．基于三维激光扫描的滑坡变形监测与数据处理[J]．

　　岩土力学，2010，31（7）：2188-2191，2196.

[59]徐炜.SAR/ISAR 雷达成像若干关键技术分析评估及多核平台的算法实现[D].西安：
　　西安电子科技大学，2014.

[60]徐小波，屈春燕，单新建，等.基于 PS-InSAR 技术的断裂带地壳形变实验研究[J].
　　地球科学进展，2012，27（4）：452-459.

[61]薛腾飞.基于 SAR 多特征变化检测的震害建筑物提取研究[D].哈尔滨：中国地震
　　局工程力学研究所，2017.

[62]杨红磊，彭军还，崔洪曜.GB-InSAR 监测大型露天矿边坡形变[J].地球物理学进
　　展，2012，27（4）：1804-1811.

[63]杨庆玲.DInSAR 技术在吕梁山区地表沉降监测中的应用[D].西安：西安科技大
　　学，2018.

[64]于勇，王超，张红，等.基于不规则网络下网络流算法的相位解缠方法[J].遥感学
　　报，2003，7（6）：472-477.

[65]袁培进，吴铭江.水利水电工程安全监测工作实践与进展[J].中国水利，2008
　　（21）：79-82.

[66]袁英.地基 SAR 永久散射体选取及形变探测大气影响试验研究[D].湘潭：湖南科
　　技大学，2017.

[67]岳建平，方露，黎昵.变形监测理论与技术研究进展[J].测绘通报，2007，07：
　　1-4.

[68]岳建平，岳顺.GBSAR 监测技术研究进展[J].现代测绘，2017，40（3）：5-9.

[69]张澄波.综合孔径雷达原理、系统分析与应用[M].北京：科学出版社，1989.

[70]张国辉.基于三维激光扫描仪的地形变化监测[J].仪器仪表学报，2006，27（6Z1）：
　　96-97.

[71]张俊，柳健.SAR 图像班点噪声的小波软门限滤波算法[J].测绘学报，1998（02）：
　　28-33.

[72]张前进，白中科，李晋川，等.矿区生态重建过程中的土地利用/覆被变化[J].山西
　　农业大学学报，2004，24（4）：143-147.

[73]张祥，陆必应，宋千.地基 SAR 差分干涉测量大气扰动误差校正[J].雷达科学与技
　　术，2011，9（6）：502-506.

[74]张永红，吴宏安，孙广通.时间序列 InSAR 技术中的形变模型研究[J].测绘学报，
　　2012，41（6）：864-869.

[75]赵小龙.地基雷达大气改正方法及其应用于滑坡形变监测[D].成都：西南交通大
　　学，2017.

[76]仲伟凡，张永红，吴宏安，等.三种干涉测量距离向频谱滤波算法的性能比较[J].
　　测绘科学，2015，09：39-42.

[77]周勇胜，周梅，唐伶俐，等.基于地基合成孔径雷达的弱目标检测性能分析[J].遥
　　感信息，2011（6）：47-50.

[78]周志伟，鄢子平，刘苏，等.永久散射体与短基线雷达干涉测量在城市地表形变中

的应用[J]. 武汉大学学报(信息科学版)，2001(8)：928-931.

[79] 朱茂. 基于动态 PS 的地基合成孔径雷达高精度形变测量技术研究[D]. 北京：北京理工大学，2016.

[80] 朱庆辉. 地基雷达在大坝及滑坡监测中的应用研究[D]. 北京：中国地质大学(北京)，2018.

[81] 邹进贵，田径，陈艳华，等. 地基 SAR 与三维激光扫描数据融合方法研究[J]. 测绘地理信息，2015，40(3)：27-30.

[82] Aguasca A, Broquetas A, Mallorqui J, et al. A solid state L to X-band flexible ground-based SAR system for continuous monitoring applications [C]. Geoscience and Remote Sensing Symposium 2004. Anchorage. Alaska. Sept, 20-24, 2004：757-760.

[83] Alba M, Bernardini G, Giussani A, et al. Measurement of Dam Deformations by Terrestrial Interferometric Techniques [J]. The International Archives of the Photogrammetry. Remote Sensing and Spatial Information Sciences, 2008, 37：133-139.

[84] Andrea M G, Scirpoli S. Efficient Wavenumber Domain Focusing for Ground-Based SAR [J]. Geoscience and Remote Sensing Letters. 2010, 7(1)：161-165.

[85] Angeli M G, Pasuto A, Silvano S. A critical review of landslide monitoring experiences [J]. Engineering Geology, 2000, 55：133-147.

[86] Antonello G, Casagli N, Farina P, et al. Ground-based SAR interferometry for monitoring mass movements[J]. Landslides, 2004(1)：21-28.

[87] ARTeMIS Program Overview[EB/OL]. http：//www. svibs. com. 2006.

[88] Bamler R, Hartl P. Synthetic aperture radar interferometry[J]. Inverse Problems, 1998, 14(4)：1-54.

[89] Bennet, John R, Cumming, et al. A Digital Processor for the Production of Seasat Synthetic Aperture Radar Imagery[J]. LARS Symposia, 1979.

[90] Bennett J C, Morrison K, Race A M, et al. The UK NERC fully portable polarimetric ground-based synthetic aperture radar (GB-SAR) [C]. Geoscience and Remote Sensing Symposium 2000. Honolulu. Hawaiian Islands. Jul. 24-28. 2000：2313-2315.

[91] Berardino P, Fornaro G, Lanari R. A new algorithm for surface deformation monitoring based on small baseline differential interferograms[J]. IEEE Transactions on Geoscience and Remote Sensing. 2002, 40(11)：2375-2383.

[92] Berardino P, Fornaro G, Lanari R. A new algorithm for surface deformation monitoring based on small baseline differential SAR interferograms[J]. Transactions on Geoscience and Remote Sensing, 2002, 40 (11)：2375-2383.

[93] Bernardini G, et al. Dynamic Monitoring of Civil Engineering Structures by Microwave Interferometer[J]. Conceptual Approach to Structural Design Venice, 2007(6)：27-29.

[94] Bernardini G, Ricci P, Coppi F. A Ground Based Microwave Interferometer with Imaging Capabilities for Remote Measurements of Displacements[J]. M GALAHAD workshop within the 7th Geometric Week and the "3rd International Geotelematics Fair (GlobalGeo)".

Barcelona. Spain, 2007: 20-23.

[95] Bernfeld M, Cook C E, Paolillo J, et al. Matched filtering, pulse compression and waveform design[J]. Microwave Journal, 1976, 34(9): 531-537.

[96] Bozzano F, Cipriani I, Mazzanti P, et al. Displacement patterns of a landslide affected by human activities: insights from ground-based InSAR monitoring [J]. Natural hazards, 2011, 59(3): 1377-1396.

[97] Brincker R, Zhang L, Andersen P. Modal Identification from Ambient Responses using Frequency domain Decomposition [C]. The Imac-Xviii: A Conference on Structural Dynamics, 2000, 1(2): 625-630.

[98] Carrara W, Goodman R, Majewski R. Spotlight Synthetic Aperture Radar: Signal Processing Algorithms[M]. Boston: Artech House, 1995.

[99] Casu F, Manconi A, Pepe A, et al. Deformation Time-Series Generation in Areas Characterized by Large Displacement Dynamics: The SAR Amplitude Pixel-Offset SBAS Technique[J]. IEEE Transactions on Geoscience and Remote Sensing, 2011, 49(7): 2752-2763.

[100] Colesanti C, Ferretti A, Prati C, et al. Monitoring landslides and tectonic motions with the permanent scatterers technique[J]. Engineering Geology, 2003, 68: 3014.

[101] Colesanti C, Wasowski J. Investigating landslides with space-borne Synthetic Aperture Radar (SAR) interferometry[J]. Engineering Geology, 2006, 88: 173-199.

[102] Corominas J, Moya J, Ledesma A, et al. Prediction of ground displacements and velocities from groundwater level changes at the Vallcebre landslide (Eastern Pyrenees. Spain)[J]. Landslides, 2005, 2: 83-96.

[103] Corominas J, Moya J, Lloret A, et al. Measurement of landslide displacements using a wire extensometer[J]. Engineering Geology, 2000, 55: 149-166.

[104] Costantini M. A novel phase unwrapping method based on network programming[J]. IEEE Transactions on Geoscience & Remote Sensing, 1998, 36(3): 813-821.

[105] Crosetto M, Monserrat O, Gili J A, et al. DInSAR monitoring of the Vallcebre landslide (Eastern Pyrenees. Spain) with corner reflectors: Installation analysis and validation[J]. Submitted to Natural Hazards And Earth Systems Sciences, 2012.

[106] Cruden D M, Varnes D J. Landslides types and processes. In: Turner. A. K.. Schuster. R. L. (Eds.). Landslides: Investigation and Mitigation, Transportation Research Board Special Report[R]. 1996: 36-75.

[107] Devis D, Massimiliano P, et al. Detection of vertical bending and torsional movements of a bridge using a coherent radar[J]. NDT&E International, 2009(7): 741-747.

[108] Devis D, Massimiliano P, et al. Detection of vertical bending and torsional movements of a bridge using a coherent radar[J]. NDT&E International, 2009(6): 741-747.

[109] Ding X, Li Z, Zhu J, et al. Atmospheric effects on InSAR measurements and their mitigation[J]. Sensors 2008, 8: 5426-5448.

[110] Ferretti A, Monti-Guarnieri A, Prati C, et al. InSAR Principles: guidelines for SAR Interferometry Processing and Interpretation [M]. Paris: ESA Publications ESTEC Noordwijk NL. TM-19, 2007.

[111] Ferretti A, Prati C, Rocca F. Nonlinear subsidence rate estimation using permanent scatterers in differential SAR interferometry [J]. Geoscience and Remote Sensing. IEEE Transactions on. 2000, 38(5): 2202-2212.

[112] Ferretti A, Prati C, Rocca F. Permanent scatterers in SAR interferometry [J]. IEEE Transactions on Geoscience and Remote Sensing, 2001, 39(1): 8-20.

[113] Flynn T J. Two-dimensional phase unwrapping with minimum weighted discontinuity [J]. Journal of the Optical Society of America A, 1997, 14(10): 2692-2701.

[114] Fortuny-Guasch J. A fast and accurate far-field pseudo-polar format radar imaging algorithm [J]. IEEE Transactions on Geoscience and Remote Sensing, 2009, 47(4): 1187-1196.

[115] Fortuny J, Sieber A. Fast algorithm for a near field synthetic aperture radar processor [J]. IEEE Transactions on Antennas and Propagation, 1994, 42: 1458-1460.

[116] Fryba L. Vibration of solids and structures under moving loads [M]. London: Thomas Telford, 1999.

[117] Genovois R, Tecca P R. Alcune considerazioni sulle deformazioni gravitative profonde in argille sovraconsolidate [J]. Bolletino della Societa Geologica Italiana, 1984, 130: 717-729.

[118] Gentile C. Radar-based measurement of deflections on bridges and large structures: advantages limitations and possible applications [C]. IV ECCOMAS Thematic Conference on Smart Structures and Materials, 2009.

[119] Ghiglia D C, Pritt M D. Two-dimensional Phase Unwrapping: Theory, Algorithms and Software [M]. NewYork: JohnWiley&Sons Inc, 1998.

[120] Ghiglia D C, Romero L A. "Minimum Lp-norm Two-Dimensional Phase Unwrapping" [J]. Journal of the Optical Society of America. 1996, 13(10): 1999-2013.

[121] Gili J A, Corominas J, Rius J. Using Global Positioning System techniques in landslide monitoring [J]. Engineering Geology, 2000, 55: 167-192.

[122] Goldstein R M, Zebker H A, Werner C L. Satellite radar interferometry: two-dimensional phase unwrapping [J]. Radio Science, 1988, 23: 713-720.

[123] Han L, Shu J, Cai Q, et al. Mechanical characteristics of dip basement effects on dump stability in the Shengli open pit mine in Inner Mongolia. China [J]. Arabian Journal of Geosciences, 2016, 9(20): 750.

[124] Hong W, Tan W, Wang Y P, et al. Development and experiments of ground-based SAR in IECAS for advanced SAR imaging technique validation [C]. European Conference on Synthetic Aperture Radar 2010. Aachen. Germany. June 7-10. 2010: 931-934.

[125] Hooper A. Persistent scatterer radar interferometry for crustal deformation studies and

modeling of volcanic deformation[D]. San Francisco: Tanford University, 2006.

[126] Hou J, Lv J, Chen X, et al. China's regional social vulnerability to geological disasters: evaluation and spatial characteristics analysis [J]. Natural Hazards. 2016, 84 (1): S97-S111.

[127] Hu J, Li Z, Ding X, et al. Resolving three-dimensional surface displacements from InSAR measurements: a review[J]. Earth-Science Reviews, 2014, 133: 1-17.

[128] Ian G, Cumming, Frank H W. Digital Processing of Synthetic Aperture Radar Data: Algorithms and Implementation[M]. Boston: Artech House, 2005.

[129] Iannini L, Guarnieri A. Atmospheric phase screen in ground-based radar: statistics and compensation[J]. Geoscience and Remote Sensing Letters, 2011, 8(3): 537-541.

[130] Iannini L, Guarnieri A M. Atmospheric phase screen in ground based radar: statistics and compensation[J]. IEEE Geosci. Remote Sens. Lett. 2011, 8(3): 537-541.

[131] Jiang W, Rao P, Cao R, et al. Comparative evaluation of geological disaster susceptibility using multi-regression methods and spatial accuracy validation[J]. Journal of Geographical Sciences. 2017, 27(4): 439-462.

[132] Jonsson S, Zebker H, Amelung F. On trapdoor faulting at Sierra Negra volcano Galapagos [J]. Journal of Volcanology and Geothermal Researce. 2005. 144(1-4): 59-71.

[133] Kazunori T, et al. Continuous observation of natural-disaster-affected areas using ground-based SAR interferometry [J]. IEEE Journal of Selected Topics in Applied Earth Observations and Remote Sensing, 2013, 6 (3): 1286-1294.

[134] Keaton J R, Degraff J V. Surface observation and geologic mapping. Landslides. Investigation and Mitigation. U. S. Transport. Res. Boards Special Report. vol. 176. National Academy of Sciences[M]. Washington, 1996.

[135] Kennington J L, Helgason R V. Algorithms for network programming[M]. New York: Wiley, 1980.

[136] Lee H, Lee J H, Cho S J, et al. An experiment of GB-SAR interferometric measurement of target displacement and atmospheric correction[J]. IGARSS, 2008: 240-243.

[137] Leva D, Nico G, Tarchi D, et al. Temporal analysis of a landslide by means of a ground-based SAR interferometer [J]. IEEE Transactions on Geoscience and Remote Sensing, 2003(41): 745-752.

[138] Lowry B, Gomez F, Zhou W, et al. High resolution displacement monitoring of a slow velocity landslide using ground based radar interferometry [J]. Engineering Geology, 2013, 166: 160-169.

[139] Luzi G, Crosetto M, Monserrat O. Advanced Techniques for Dam Monitoring [C]. International Congress on Dam Maintenance and Rehabilitation. Zaragoza. Spain, 2010.

[140] Luzi G. Groud Based SAR Interferometry: A Novel Tool for Geoscience [EB/OL]. http://www.intechopen.com/books/geoscience and remote sening new achievements/ ground based sar intererometry a novel tool for geoscience, 2010.

[141]Luzi G, Noferini L, Mecatti D, et al. Using a ground-based SAR interferometer and a terrestrial laser scanner to monitor a snow-covered slope: Results from an experimental data collection in Tyrol (Austria)[J]. IEEE Transactions on Geoscience and Remote Sensing, 2009, 47(2): 382-393.

[142]Luzi G, Pieraccini M, Mecatti D, et al. Advances in ground based microwave interferometry for landslide survey: a case study[J]. International Journal of Remote Sensing. 2006, 27(12): 2331-2350.

[143]Luzi G, Pieraccini M, Mecatti D, et al. Ground-based radar interferometry for landslides monitoring: atmospheric and instrumental decorrelation sources on experimental data[J]. IEEE Transactions on Geoscience and Remote Sensing, 2004, 42(11): 2454-2466.

[144]Luzi G, Pieraccini M, Mecatti D, et al. Monito-ring on an Alpine Glacier by Means of Ground ased SAR Interferometry[J]. IEEE Geoscience and Remote Sensing Letters, 2007, 4(3): 495-499.

[145]Man-Chung C, Daniele P. Motion Compensation of L-band SAR Using GNSS-INS[C]. Geoscience and Remote Sensing Symposium, 2017.

[146]Mario A, Giulia B, Alberto G. Measurement of dam deformations by terrestrial interferometric techniques[C]//CHEN Jun, JIANG Jie, ALAIN B. The XXI Congress of the International Society for Photogrammetry and Remote Sensing, Beijing: ISPRS, 2008: 133-139.

[147]Massonnet D, Feigl K L. Radar interferometry and its application to changes in the Earth's surface[J]. Reviews of geophysics, 1998, 36(4): 441-500.

[148]Massonnet D, Rossi M, Carmona C, et al. The displacement field of the Landers earthquake mapped by radar interferometry[J]. Nature, 1993, 364: 138-142.

[149]Mensa D. High Resolution Radar Cross Section Imaging [M]. Boston: Artech House, 1991.

[150]Michel R, Avouac J. Measuring ground displacements from SAR amplitude images: application to the Landers earthquak[J]. Geophysical Research Letters, 1999, 7(26): 875-878.

[151]Mikkelsen P E. Field instrumentation. Landslides. Investigation and Mitigation. U. S. Transportation Research Boards Special Report. vol. 247. National Academy Press[M]. Washington DC, 1996.

[152]Mora O, Mallorqui J, Antoni B. Linear and nonlinear terrain deformation maps from a reduced set ofinterferometric SAR images [J]. IEEE Transactions on Geoscience and Remote Sensing. 2003, 41(10): 2243-2253.

[153]Morgenstern N R. The evaluation of slope stability — a 25 year perspective. Proc.. ASCE Speciality Conference on Stability and Performance of Slopes and Embankments[S. I.]. American Society of Civil Engineers, 1992: 1-26.

[154]Niccolò D, Daniele G. 4D surface kinematics monitoring through terrestrial radar

interferometry and image cross-correlation coupling[J]. ISPRS Journal of Photogrammetry and Remote Sensing, 2018(142): 38-50.

[155] Nico G, Leva D, Guasch J F, et al. Generation of digital terrain models with a ground-based SAR System[J]. IEEE Transactions on Geoscience and Remote Sensing. 2005, 43(1): 45-49.

[156] Noferini L, Pieraccini M, et al. DEM by Ground-Based SAR Interferometry[J]. IEEE Geoscience And Remote Sensing Letters, 2007, 4(4): 659-663.

[157] Noferini L, Pieraccini M, Mecatti D, et al. Long term landslide monitoring by Ground-Based SAR Interferometer[J]. International Journal of Remote Sensing, 2005, 27: 1893-1905.

[158] Noferini L, Pieraccini M, Mecatti D, et al. Permanent scatterers analysis for atmospheric correction in ground-based SAR interferometry[J]. IEEE Transactions on Geoscience and Remote Sensing, 2005, 43(7): 1459-1471.

[159] Noferini L, Pieraccini M, Mecatti D, et al. Permanent scatterers analysis for atmospheric correction in ground based SAR Interferometry[J]. IEEE Transactions on Geosciences and Remote Sensing, 2005, 43(7): 152-157.

[160] Noferini L, Pieraccini M, Mecatti D, et al. Using GB-SAR technique to monitor slow moving landslide[J]. Engineering Geology, 2007, 95(3): 88-98.

[161] Noferini L, Takayama T, Pieraccini M, et al. Analysis of ground-based SAR data with diverse temporal baselines[J]. IEEE Transactions on Geoscience and Remote Sensing, 2008, 46(6): 1614-1623.

[162] Nolesini T, Traglia F D, Ventisette C D, et al. Deformations and Slope Instability on Stromboli Volcano: Integration of GBInSAR Data and Analog Modeling [J]. Geomorphology, 2013, 180(1): 242-254.

[163] Parr G F, Rottensteiner, Polzleitner W. "Image Match Strategy. Digital Image Analysis" (edited by Walter G. Kropatsch and Horst BischoO)[J]. Springer. 2001: 393-410.

[164] Pasuto A, Soldati M. Rassegna bibliografica sulle deformazioni gravitative profonde di versante[J]. Il Quaternario. 1990, 3 (2): 131-140.

[165] Pieraccini M, Casagli N, Luzi G, et al. Landslide Monitoring by Ground-Based Radar Interferometry: a field test in Valdarno (Italy) [J]. International Journal of Remote Sensing, 2002(24): 1385-1391.

[166] Pieraccini M, Luzi G, Atzeni C. Terrain mapping by ground-based interferometric radar [J]. IEEE Transactions on Geoscience and Remote Sensing. 2001, 39(10): 2176-2181.

[167] Pieraccini M, Noferini L, Mecatti D, et al. Digital elevation models by a GBSAR interferometer for monitoring glaciers: the case study of Belvedere Glacier[C]. Geoscience and Remote Sensing Symposium 2008. Boston. Massachusetts. USA. Jul. 6-11, 2008: 1061-1064.

[168] Pipia L, Aguasca A, Fabregas X, et al. Mining induced subsidence monitoring in urban

areas with a ground-based SAR[C]. Urban Remote Sensing Joint Event 2007. IEEE, 2007: 1-5.

[169]Pipia L, Aguasca A, Fabregas X, et al. Temporal decorrelation in polarimetric differential interferometry using a ground-based SAR sensor[C]. IGRSS2005, 2005.

[170]Pipia L, Fabregas X, Aguasca A, et al. A Comparison of different techniques for atmospheric artifact compensation in GB-SAR differential acquisitions [C]. IEEE International Geoscience and Remote Sensing Symposium(IGARSS). Denver. Colorado (USA), 2006: 3739-3742.

[171]Pipia L, Fabregas X, Aguasca A, et al. A Subsidence Monitoring Project using a Polarimetric GB-SAR Sensor[C]. inProc. POLinSAR, Frascati. Italy, 2007.

[172]Pipia L, Fabregas X, Aguasca A, et al. Atmospheric artifact compensation in ground-based DInSAR applications[J]. Geoscience and Remote Sensing Letters, 2008, 5(1): 88-92.

[173]Pipia L, Fabregas X, Aguasca A, et al. Atmospheric artifact compensation in ground-based DInSAR applications[J]. IEEE Geosci. Remote Sens. Lett. 2008, 5(1): 88-92.

[174]Rödelsperger S. Real-time Processing of Ground based Synthetic Aperture Radar (GB-SAR) Measurements [D]. Darmstadt: Technische Universität Darmstadt. PhD thesis, 2011.

[175]Rott H, Scheuchl B, Siegel A, et al. Monitoring very slow slope movements by means of SAR interferometry: a case study from a mass waste above a reservoir in the Ötztal Alps. Austria[J]. Geophysical Research Letters, 1999, 26(11): 1629-1632.

[176]Scaioni M, Arosio D, Longoni L, et al. Integrated monitoring and assessment of rockfall [J]. Proc of Bear, 2008.

[177]Street J O, Carroll R J, Ruppert D. A Note on Computing Robust Regression Estimates via Iteratively Reweighted Least Squares[J]. The American Statistician, 1988, 42(2): 152-154.

[178]Strozzi T, Farina P, Corsini A, et al. Survey and monitoring of landslide displacements by means of L-band satellite SAR interferometry[J]. Landslides, 2006, 2 (3): 193-201.

[179]Tapete D, Casagli N, Luzi G, et al. Integrating Radar and Laser_Based Remote Sensing Techniques for Monitoring Structural Deformation of Archaeological Monuments[J]. Journal of Archaeological Science, 2013, 40(1): 176-189.

[180]Tarchi D, Casagli N, Fanti R, et al. Landslide monitoring by using ground-based SAR interferometry: an example of application to the Tessina landslide in Italy[J]. 2003. 68 (1): 15-30.

[181]Tarchi D, Rudolf H, Pieraccini M, et al. Remote monitoring of buildings using a ground-based SAR: application to cultural heritage survey[J]. International Journal of Remote Sensing, 2000, 18(21): 3545-3551.

[182]Usai S. An analysis of the interferometric characteristics of anthropogenic features[J].

IEEE Transactions on Geoscience and Remote Sensing, 2000, 38(3): 1491-1497.

[183] Vazquez A M, Guasch J F. A GB-SAR Processor for Snow Avalanche Identification [J]. IEEE Transactions on Geoscience and Remote Sensing, 2008, 46(11): 3948-3956.

[184] Vazquez M. Snow cover monitoring techniques with GB-SAR [D]. Barcelona: Universitat Politècnica de Catalunya, 2008.

[185] Werner C, Wiesmann A, Strozzi T, et al. The GPRI multi-mode differential interferometric radar for ground-based observations in Proc [J]. EUSAR, 2012: 304-307.

[186] Xu Y L, Xia Y. Structural Health Monitoring of Long-span Suspension Bridges [M]. New York: Spon Press, 2011.

[187] Zebker H A, Villasenor J. Decorrelation in Interferometric Radar Echoes [J]. IEEE Transactions on Geoscience and Remote Sensing, 1992, 30: 950-959.